차
의
맛.

차의 맛

교토 잇포도
京都寺町 一保堂茶舗

와타나베 미야코 지음 송혜진 옮김

In

일러두기
본문의 각주는 역주입니다.

차례

교토 데라마치 춘·하·추·동

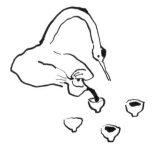

잇포도에 대해서

차를 둘러싼 이야기

차의 시간

교토 데라마치 춘·하·추·동

신차가 나올 무렵

봄비는 소리부터 부드러운 것 같아요. 제철 재료를 쓰는 것을 매우 중요하게 생각하는 교토 요리에서는 두릅이나 땅두릅처럼 은은하게 쓴맛이 감도는 식재료를 먹으며 계절의 변화를 느낄 수 있습니다. 그리고 땅에서는 죽순이 돋아나지요. 아침 일찍 딴 죽순이 채소 가게에 나오기 시작할 때쯤, 비가 막 갠 날이면 '우후죽순'이란 말이 절로 생각날 만큼 바구니에 수북하게 담긴 죽순으로 가게 앞이 북적북적합니다.

죽순 산지는 전국에 여러 곳이 있지만 교토 근방에서 나는 죽순이 특히 풍미가 좋다고들 합니다. 이 죽순은 지표면 위로 올라오기 전에 파내어, 부드러운 것이 특징입니다. 막 채취한 것은 생으로도 먹을 수 있다고 하지요. 저도 매년 맛있게 먹고 있지만 그중에서도 유난히 죽순이 맛있는 해가 있는 반면 그렇지 않은 해도 있습니다.

어느 산지의 농가 분에게 사실 이 초봄에 나오는 죽순이 5월에 나오는 신차의 작황을 좌우한다는 말을 들었습니다. 지온이 올라가는 것을 보며 죽순의 풍작과 흉작을 알 수 있는 것처럼, 그 후에 나올 신차의 작황과 수확 시기도 알 수 있다는 겁니다. 물론 신차를 따기 직전에 서리를 맞을 수도 있고 일조 시간, 강우량, 아침저녁으로 내려가는 기온의 정도 등도 영향을 미칩니다. 그러나 일단 계절의 큰 흐름에서 볼 때 '겨울부터 초봄의 기후 일반'을 무엇보다도 빠르게 알 수 있게 해주는 것이 '죽순'이라는 것이지요.

온실처럼 사람이 관리할 수 있는 환경이라면 이야기가 다르겠지만, 일반적인 차밭은 그렇지 않습니다. 전년도의 수확이 끝난 시점부터 이것저것 손질을 하고 비료를 주는 것, 가을에서 겨울 동안 품을 들여가며 돌보고 키운다는 것은 어떤 면에서는 매우 소소한 일입니다. 채소를 기르거나 벼농사를 지을때 씨를 뿌려 싹이 점점 자라나는 것을 보며 느끼는 기쁨처럼 겉으로 드러나는 '드라마'는 그리 없을지도 모르겠지만, 차밭에서는 차의 새싹이 돋아나는 기운을 보며 그간 땅속에서 차곡차곡 쌓인 다양한 은총이 맺어낸 열매를 느낄 수 있습니다.

제철의 맛은 그 계절이 보내온 편지라는 말이 있는데, 정말로 그렇습니다. 죽순을 먹을 때는 저 깊은 땅속에서 보내오는 반가운 소식이라 생각해보세요. 맛이 한결 깊어집니다.

벚꽃이 피었다가 아쉬움을 남기며 꽃잎을 흩날리는 4월은 학교도 회사도 새 학기, 새로운 분기를 맞이하며 변화의 바람이 불어와 차분하게 있기가 힘든 계절입니다. 그중에서도 도저히 가만히 있지를 못하고 싱숭생숭한 것이 우리들, 차를 판매하는 사람들이 아닐는지요.

이 계절에 우리들이 가본다고 해서 딱히 훌륭한 새싹이 돋는 것도 아니지만, 남편이나 직원들은 때를 보아 우지 시 방면에 있는 차밭으로 향합니다. 지금은 돌아가셨지만 제가 시집을 왔을 무렵에만 해도 정정하셨던 아버님은 신차 시즌이 가까워지면 옆에 있기에도 무서울 정도로 신경이 예민해져 몇 번이고 차밭에 가보시곤 했습니다.

수확을 시작하기 전 차밭은 특히 하늘이 맑게 갠 날이면 정말로 화창하고 고요하답니다. 우지 시 근교로 눈을 돌리면 나라 현과 시가 현 경계에 걸쳐 완만하게 펼쳐진 산등성이 곳곳에 차밭이 있는 풍경이 이어집니다. 가고시마처럼 평탄한 차밭이 그 부근 일대를 뒤덮고 있는 풍경과는 또 분위기가 달라서, 특히 센차용 노천 차밭(덮개를 씌우지 않은 밭)은 가파른 산골짜기나 골짜기와 골짜기 사이 등 '이런 곳에까지 차밭이?' 싶은 곳까지 차밭으로 경작하고 있어, 멋진 차나무 밭이 눈앞에 계속해서 펼쳐지지요.

겨울 동안에는 밭둑 전체가 진한 녹색으로 보이는 차밭은 매년 4월 초순 무렵에 싹이 터, 돋아난 새싹이 조금 자라나면 예쁜 황록색 융단이라도 덮은 것처럼 풍경이 달라져갑니다. 무럭무럭 눈부시게 자라나는 부드러운 새싹의 색깔이란 정말이지 아름답습니다. 가만히 차밭에 서 있으면 하늘 높이 지저귀는 종다리 소리와 차나무가 바람에 나부끼며 일렁이는 소리만이 남고 주변이 아주 고요해집니다. 저 멀리서 이따금씩 들려오는 소리는 산길을 다니며 산나물을 캐는 사람들입니다.

벌써 꽤 오래전 일이 되었지만, 지금은 돌아가신 아버님과 가업을 물려받은 그 아들(그러니까 우리 남편), 우리 집의 외아들 이렇게 셋이서 차밭에 나갔을 때 찍은 사진이 가족 앨범에 남아 있습니다. 올 봄에 서른넷이 되는 아들이 네 살이었을 때 찍은 그 사진의 뒷면에는 삐뚤빼뚤한 글씨로 '마사카즈('사' 글자는 좌우를 뒤집어 썼지만)'라는 서명이 있답니다.

휴대전화에 카메라가 달려 있지도 않고 디지털카메라도 없었던 무렵이라, 막 현상해 나온 사진을 보면서 아들이 "이거 내가 진짜 카메라로 찍은 사진이야. 종이접기 카메라랑 다른 거야." 하고 자랑스럽게 이야기하던 모습이 눈에 선합니다. 차밭을 배경으로 찍은 사진일 테지만, 그 사진을 보면 아래쪽 4분의 1 정도 높이에 반짝이는 이마로 웃고 있는 아버님의 얼굴과 아직 머리가 검던 시절의 남편의 얼굴이 사이좋게 있고 그 위로는 초여름이 연상되는 푸른 하늘이 사진을 가득 채우고 있습니다.

아무튼 이 시기에 가장 큰 걱정거리는 쾌청한 밤이 지나고 다음 날 아침에 잘 내리곤 하는 서리입니다. '늦서리' 때문에 모처럼 돋아난 새싹이 시들어버리는 일이 있거든요. 그러면 늦서리가 내린 밭에서는 신차를 얻을 수 없는가 하면 그렇지는 않습니다. 시들어버린 새싹의 옆에서 다시 새로운 싹이 돋아나므로, 시기가 조금 뒤로 밀릴 뿐 수확할 수 있습니다. 다만 품질 면에서 보면 겨울 동안 잔뜩 비축해둔 영양분을 충실히 흡수해 돋아난 첫 싹이 아무래도 좋겠지요.

새싹이 돋고 너무도 순조로운 기후가 이어진다고 해도, 양적으로는 흉작이라든지 혹은 너무 순조로운 끝에 무난한 차가 되어버리기도 하는 것은 신기한 일입니다. 가벼운 서리 피해도 입고 다소 어려운 여건에서 자라나온 새싹이 의외로 훌륭한 품질을 자랑하는 좋은 차가 되기도 해요. 어떤 면에서는 인생과도 닮아 있다고, 저는 생각하곤 합니다.

어린 시절 "여름도 다가오는 팔십팔야"[1] 하고 흥얼거리며

---

1 일본의 동요 '찻잎 따기'의 1절 가사 "여름도 다가오는 팔십팔야 산에도 들에도 어린잎들이 무성하네 저기 찻잎 따는 사람이 보이는데 검붉은 어깨띠에 삿갓을 썼네"에 나오는 구절이다.

놀곤 했는데, 여기서 팔십팔야란 '입춘' 절기로부터 날짜를 헤아려 88일째가 되는 5월 2일(양력) 무렵을 가리킵니다. 이는 사실 이 집에 시집와서 알게 되었어요. 4월 초순에 차 싹이 터 쑥쑥 자라 수확할 때가 되는 것이 딱 이 무렵으로, 산에서는 나무들에 엉켜 자라는 등덩굴이 달콤한 향을 내는 진한 자줏빛 꽃을 피운답니다.

'철'을 제때 맞추어 수확할 수 있게끔 잘 돌본 차밭에서 제 시기를 놓치지 않고 수확해 제조한 찻잎에서는 '신차(新茶)' 특유의 싱싱하고 거친 향과 맛을 즐길 수 있습니다. 이는 노천 차밭에서 태양빛을 흠뻑 받고 자란 센차만의 특징입니다만, 이 향이라는 것이 아무리 관리를 엄중하게 해도 시간이 지나면 완전히 사라지고 만답니다. 늦어도 장마가 끝날 때까지는 다 마시는 것이 좋아요.

일본차를 제조하는 과정을 살펴보면, 차밭에서 딴 찻잎을 바로 찐 다음 비벼서 '꼬임'을 만들어 건조시키는 것이 주요 공정입니다. 그중에서도 '찌는' 작업은 일본차(녹차) 특유의 작업으로, 홍차나 우롱차와는 크게 다른 부분입니다. 찻잎을 찜으로써 산화 효소가 활성화되지 않게 하고 성분 변화를 막는 것이지요. 일본차만이 찻잎의 녹색을 그대로 유지하며, 비타민 C 등도 풍부하게 함유하고 있는 이유입니다.

농가에서 이러한 과정을 거쳐 제조한 신차 중에서 우리 가게와 맛이 잘 맞는 찻잎을 모아 블렌드하여 '올해의 신차'로 발매합니다. 손님들께 가능한 한 빨리 선보일 수 있도록, 찻잎이 입하되는 시점부터는 매일같이 모두가 총출동해 작업에 매달려 마침내 출하합니다.

신차는 그 싱싱하고 거친 향과 맛을 즐기며 마시는 차입니다. 찻잎을 수북하게 2큰술(약 10그램) 넣어 차를 우립니다. 향을 한층 더 살리려면 일반적인 센차를 우릴 때보다 끓인 물을 식히는 시간을 짧게 해 평소보다 살짝 더 뜨거운 상태의 물에 우리는 것이 좋습니다. 규스(急須)²의 뚜껑을 덮고 50초 정도 기다린 다음 우물쭈물하지 말고 바로 다 부어내세요. 이후 두 번째, 세 번째로 우릴 때는 뜨거운 물을 부은 다음 기다리지 말고 바로 부어내주세요. 가득 퍼져나가는 푸르고 푸른 향기와 맛, 이 계절에만 느낄 수 있는 풍미를 즐겨주신다면 정말로 기쁘겠습니다.

2 센차를 우리고 따를 때 쓰는 사기 주전자

차가운 교쿠로

데라마치 도리의 서쪽 방면에 있는 우리 가게는 입구에 커다란 포렴을 4장 걸어두고 있습니다. 겨울철에는 진갈색 돛천에 '차 잇포도'라고 흰 글씨로 쓰인 포렴을 걸어두다가 매년 6월 1일에 여름용 포렴으로 바꿔 달아줍니다. 여름용 포렴은 흰 돛천에 검은색 글씨로 가게 이름이 쓰여 있어요.

겨울용 포렴을 단 가게에서 일을 할 때에도 딱히 어둡다는 느낌은 없지만, 6월 1일 아침에 여름용 흰색 포렴으로 바꿔 달면 가게 안이 확 하고 밝아집니다. 특히 화창한 날이면 흰 천에 햇빛이 반사되어, 가게 안에서 포렴 밑으로 빠져나가는 손님들을 바라보면 꼭 손님들 뒤에 후광이 비치는 것 같이 보이기도 한답니다.

지금은 포렴 안쪽에 유리로 된 자동문이 있지만 제가 막 시집을 왔을 무렵에는 폭넓은 입구가 그대로 개방되어 있어서 내부와 외부를 나누는 게 이 포렴 하나였어요. 가게 안에는 에어컨이 설치되어 있지만 외부 공기가 항상 들락날락하다 보니 냉방 효율이 매우 떨어졌고, 여름철에는 바깥의 인도 쪽으로 찬바람이 흘러나가 가게 앞을 지나가는 분들이 좋아하실 정도였지요. 겨울철은 상황이 좀 더 심했는데, 가게 앞에 서 있는 사람도 옷을 잔뜩 껴입고 일하곤 했습니다. 가게 안이 어찌나 추웠던지 가게에 들어온 손님들도 계산이 끝나면 바로 나가버리는…… 그런 상황이었어요.

당시 포렴이 바람에 펄럭이면서 가게 앞에 눈이나 비도 종종 들이치곤 했는데, 오래전부터 가게에서 일해온 어느 직원은 "옛날에는 진짜 추웠는데 몸이 일단 적응되고 나니 오히려 지금보다 감기에 잘 걸리지도 않았던 것 같아요."라고 하네요. 인간의 몸은 환경에 맞춰 대응할 수 있는 힘을 갖추고 있다는, 조금은 마음 한구석이 찔리는 말입니다.

여름이 오면 포렴뿐만 아니라 미닫이문을 갈대발을 친 문으로 바꿔 달고 가게 안 의자에 얹는 방석을 마 소재로 바꾸는 등 잊지 않고 해야 할 채비가 여러 가지 있습니다. 옛날 뒷골목에 있었던 할아버지 댁에서는 이 계절이 오면 손님방의 다다미 위에 등을 엮어 만든 깔개를 전체적으로 깔아두곤 했습니다. 발바닥이 서늘해지는 느낌이 너무도 기분 좋았지요.

가모 강 서쪽에 흐르는 '미소소기 강'에서는 예전에는 6월부터, 지금은 5월이 되면 강 위에 마루판을 설치해, 선선한 강바람을 맞으며 식사할 수 있는 자리를 만들어둡니다. 이 시기에 교토 시내를 찬찬히 보고 있으면, 교토의 무더운 날씨를 조금이라도 쾌적하게 보낼 수 있게 하는 아이디어나 여름을 대비하는 것들을 여기저기에서 발견할 수 있을 거예요.

찌는 듯이 더운 날, 땡볕 아래를 걸어 다니느라 땀을 흠뻑 흘린 뒤 마시는 음료란 목구멍만이 아니라 몸 전체로 스며드는 정말로 맛있는 것이지요. 페트병에 든 음료는 자동판매기가 있으니 어디에서든 쉽게 구할 수 있습니다만, 저는 물병에 차가운 보리차나 호지차를 넣어서 가지고 다닙니다.

그러고 보니 예전에 아들이 컵 스카우트(유소년단)에 들어 갔을 때, 스카우트 전통으로 내려오는 납작한 모양의 물병을 구했습니다. 컵 스카우트 활동으로 어딘가에 갈 때 지참하는 것은 오로지 주먹밥 세 개와 차, 즉 반찬이라고는 아무것도 없는 이 '컵(cub) 도시락'뿐이었어요. 때로는 검소한 식사에 만족하고 참을 것, 검소한 식사에 괴로워하지 않을 것, 이 두 가지 의미를 담은 것이겠지요. 제게 활동 지원 담당이 돌아왔을 때, 큰마음먹고 그 무렵 막 시중에 나오기 시작한 스테인리스 소재의 물병을 구입했습니다. 떨어져도 깨지지 않는 보온병이었어요. 더운 날에는 이 스테인리스 물병에 차갑게 식힌 차를, 추운 날에는 따뜻한 차를 담아주니 반응도 좋아서 아주 유용하게 썼습니다. 나만의 맛있는 차를 가지고 있으면 마음도 놓이고 기분이 좋아지는 법입니다.

냉방이 잘 되는 방에 오래도록 있는 분에게 차가운 차를 권할 수야 없지만, 무더운 바깥에서 돌아왔을 때는 이야기가 달라지지요. 그런데 물을 끓여서, 그것을 다시 식히고, 규스에 붓고…… 하는 과정이 번거롭다고 생각하는 분들에게 알려드릴 반가운 소식이 있습니다.

　교쿠로는 옛날부터 일본에 있었던 차라고 많이들 생각하시지만, 일본차 중에서는 역사가 가장 짧아 에도막부 말기에 들어서야 만들어지기 시작했습니다. 교토 남쪽의 우지 지역에서는 에도시대 초기부터 맛차를 제조해, 쇼군이나 각 다이묘 집안에도 납품했습니다. 이윽고 제조 기술이 발달하면서 맛차용으로 재배한 찻잎이 수요를 웃돌아 남기 시작하자, 그것을 새롭게 활용할 방법을 찾던 끝에 탄생한 것이 교쿠로라고 합니다. 즉 맛차용으로 재배한 찻잎을 센차 제조법에 따라 우려내 만든 것이 교쿠로라는 이야기지요.

　찻잎은 센차용 찻잎과 닮았지만, 비교해보면 교쿠로의 찻잎이 좀 더 진한 녹색에 훨씬 깊은 향이 나는 것을 알 수 있습니다. 우려낸 차를 입에 머금어보면 감칠맛이 진하게 나고 특유의 단맛이 입안으로 퍼져나갑니다. 벌컥벌컥 들이키기보다는, '구슬'과 '이슬'이라는 뜻의 한자를 쓴 '교쿠로(玉露)'라는 이름처럼 입에 머금었을 때 구슬을 굴리듯이 맛을 음미하면서 마시는 차라고도 할 수 있겠네요.

　찻밭은 센차용 찻밭과 동일하게 보이지만, 맛차와 마찬가지로 수확하기 20일쯤 전에 차밭에 차광막을 설치해 직사광선을 차단합니다. 이렇게 하면 차에 떫은맛을 내는 성분인 카테킨 생성을 억제해주어, 반대로 감칠맛을 내는 테아닌이 다량 생겨나게 됩니다.

교쿠로를 처음 접하는 분들도 간단하게 우려서 맛볼 수 있는 방법이 있습니다. 바로 찬물, 그것도 그냥 찬물이 아니라 얼음물에 우리는 것입니다. 큼지막한 규스에 교쿠로용 찻잎 15그램을 넣고 찬물을 가득 부은 다음 얼음 조각을 세 개 정도 넣습니다. 뚜껑을 덮어 30분 정도 놓아둔 다음 전부 부어주세요. 작은 유리잔 여럿에 나누어 담으면 보기만 해도 시원하니 좋을 거예요. 진한 감칠맛이 느껴지는 서늘한 차의 맛이란 정말로 특별합니다. 두 번째로 우리면 맛이 연해지긴 합니다만, 첫 번째와 동일하게 물과 얼음을 넣고 15분 정도 우린 다음 부어주세요. 이렇게 우린 차를 입에 머금으면 혀 위에 교쿠로 특유의 감칠맛이 퍼지고, 다 마시고 나면 청량감만 있을 뿐 뒷맛이 남지 않아 그야말로 자연에서 나온 차의 힘이란 이런 것인가 생각하게 됩니다.

보통 차를 맛있게 우리는 포인트라면 ① 찻잎의 양 ② 끓인 물의 양 ③ 끓인 물의 온도 ④ 우리는 시간을 들 수 있지요. 그러나 찬물에 우리는 이 방법은 네 가지 포인트 중 ①을 제외하고는 간사이 지방에서 흔히들 말하는 대로 '적당히' 해도 되는, 매우 획기적인 방법입니다.

이렇게 '찬물에 우려내는' 방법은 딱히 '찬물에 우리라'는 표시가 없는 일반 센차나 반차로도 맛있게 만들 수 있습니다. '적당히'라고 이야기했지만 역시 찻잎은 인색하지 않게 듬뿍 넣어주세요. 조금 과하게 담았다 싶어도 찻잎의 '꼬임'이 매우 천천히 풀리므로 결코 실패하지 않습니다.

밤에 자기 전에 찻잎을 유리병에 담고 물을 부어 냉장고에 하룻밤 놓아두면, 아침에는 시원하고 맛있는 차가 완성됩니다. 다만 밤새 천천히 '꼬임'이 풀린 찻잎들이 병 전체에 가득 퍼져서, 전날 밤에 본 모습과는 전혀 다른 풍경에 깜짝 놀랄 수 있어요. 이 찻잎을 그대로 두지는 마시고 차 거름망이나 채반으로 거른 다음, 우려진 차만 유리병에 다시 담아 마셔보세요.

한마디만 더 보태자면, 호지차나 보리차 같은 경우는 물을 끓여 뜨거운 상태에서 차를 우린 다음 열을 식히고 흐르는 물에 대거나 냉장고에 넣어 차게 만드는 것이 좋아요. 호지차나 보리차처럼 마지막에 찻잎을 덖는 공정을 거쳐 제조한 차는 뜨거운 물에 우리는 것이 향도 풍부하게 살아나고 맛도 역시 좋은 것 같아요. 굳이 따지자면 물병이나 텀블러에 어울리는 것도 호지차나 보리차 쪽이라 생각하고요.

맛차에 대해서

맛차, 교쿠로, 센차 등 일본차의 종류에 대해서는 다들 한 번씩 들어보았겠지만, 각각의 차이점을 설명할 수 있는 사람은 의외로 매우 적지 않을까 생각합니다. 각 차들은 어떤 식으로 만들어지는 걸까요. 저 자신도 차를 판매하는 집안에 시집와서 비로소 알게 된 것이, 같은 차나무여도 차밭의 형태에 큰 차이가 난다는 것입니다.

센차는 햇빛을 착실히 쪼이며 키우는 반면, 맛차와 교쿠로는 수확하기 전 20여 일 동안 차밭에 덮개를 씌워 햇빛을 차단해 키웁니다.

맛차와 교쿠로를 재배하는 차 농가 분들은 사월 초순, 그

해의 첫 새싹이 돋아날 무렵부터 차밭에 덮개를 씌우는 작업을 시작합니다. 차밭 위쪽 전체에 뼈대를 세우고, 예전이라면 갈대나 짚, 요즘이라면 화학섬유로 만든 한랭사를 씌워 차밭을 덮습니다. 앞에서도 이야기했던 것처럼 이렇게 하면 잎이 자라면서 얇고 부드러워지고 좀 더 진한 녹색을 띠며, 떫은맛을 내는 성분인 카테킨의 생장이 억제되는 반면 감칠맛을 내는 테아닌의 생장은 촉진됩니다. 새싹이 충분히 자라면 차광막에 덮여 어둑어둑한 차밭에서 찻잎을 따고, 차 제조 공장으로 운송해 바로 쪄서 산화 작용을 방지합니다. 일본차의 특색으로 꼽히는 녹색 찻잎은 바로 이 공정을 통해 녹색이 그대로 보존되어 만들어지는 것입니다.

맛차는 교쿠로나 센차와는 달리, 찐 후에 '비비는' 공정을 거치지 않고 그대로 건조시킨 다음 줄기와 잎줄기, 잎맥을 제거하고 찻잎의 잎살 부분만 모읍니다. 이렇게 만든 것이 '덴차(碾茶, 연차)'입니다. 이를 다도에서는 '엽차(葉茶, 하자)'라고 하며, 이것을 맷돌로 갈면 맛차가 됩니다. 이렇게 고운 가루 상태인 맛차로 만들고 나면 장기간 보존이 불가능하므로, 덴차 상태에서 냉장해 보관합니다.

다도에서는 11월에 '개봉 다사(茶事)³'를 개최하기도 합니다. 이는 그 해 5월에 수확한 엽차를 담아둔 다호의 봉을 떼어, 그 해의 신차를 처음으로 맛보는 다도 행사입니다. 맛차나 교쿠로는 5월에 만든 그 해의 차(신차)를 바로 마시는 것보다 여름을 한 번 보내어 맛이 안정된 다음 맛보는 것이 더 좋다고들 합니다. 순한 맛을 즐기는 맛차와 교쿠로 같은 경우 아무래도 그렇게 했을 때 거친 맛이 빠지고 맛이 더 깊어진다네요.

차 제조 공장 같은 곳을 견학해보면 대부분의 작업이 기계로 이루어지는 것에 놀랄 거예요. 그렇지만 자세히 여쭤보면 그 기계가 움직이는 방식은 옛날부터 사람이 손으로 해온 일을 그대로 옮겨놓은 것임을 알 수 있습니다.

덴차를 맷돌로 갈아 맛차로 만드는 최종 공정도 마찬가지로, 분쇄기도 있긴 하지만 여전히 맷돌보다 나은 것은 없다고 합니다. 맷돌은 윗돌과 아랫돌 사이에 아주 작은 틈이 있고, 각 돌마다 홈이 파여 있습니다. 맷돌 중심부에 있는 구멍으로 덴

---

3 다사(茶事, 차지)는 식사와 차를 포함하여 내는 풀코스의 정식 다회를 말하며, 다회(茶会, 차카이)는 차와 화과자를 내는 약식의 다사를 말한다.

차를 넣으면, 차가 맷돌 중심에서 바깥쪽 방향으로 나선을 그리며 돌과 돌 사이 작은 틈과 홈을 타고 가는 동안 잘게 갈아집니다.

윗돌을 반시계 방향으로 1초에 1바퀴 정도 속도로 돌리면 3, 4분 만에 돌 바깥쪽 끝에서 맛차가 나옵니다. 다시 말해 연하게 우린 차를 한 번 마실 수 있는 분량을 준비하는 데만도 꽤 지칠 정도로 맷돌을 돌려야 한다는 뜻입니다. 옛날 화류계에서 인기가 없는 기생에게는 '차를 갈게' 했다는 것을 보면 '차를 갈다'는 표현에 그리 좋은 의미가 담겨 있지 않음을 알 수 있습니다.

맷돌을 모터로 돌리는 지금도 1초에 1바퀴라는 속도는 여전해서, 맷돌 1대로 1시간 동안 갈아 얻을 수 있는 맛차는 80그램 정도밖에 안 됩니다. 그리고 맷돌의 홈을 관리하고 유지하는 것이 꽤 번거로운 일이라, 맷돌 수백 대를 갖춘 우지 시의 도매상에는 맷돌 홈 보수를 전문으로 담당하는 직원이 따로 있을 정도라고 해요.

맷돌로 간 맛차 입자는 울퉁불퉁한 데 비해 분쇄기로 갈아낸 가공용 맛차 입자는 표면이 매끈하다고 하지요. 입자가 고르지 않은 쪽이 오히려 맛과 향이 좋다는 점도 뭔가 묘한 점입니다.

옛날에는 이 맷돌을 일반 가정에서도 사용했습니다. 저희 집에 있는 히나 인형[4] 장식물 중에 주방 미니어처가 있는데, 그 안에 우물, 밥을 짓는 하가마[5], 절구, 아궁이에 불을 땔 때 쓸 장작, 나무통과 함께 맷돌이 있습니다. 엄마가 어린 시절에 이 장난감을 잘 가지고 놀았다고 하는데, 지금 우리 주방에는 전자레인지나 냉장고는 있어도 맷돌은 더 이상 존재하지 않지요.

다시 돌아와서, 지금처럼 맛차를 병에 담아서 판매하기 시작한 것은 1935년 무렵이라고 해요. 그 전까지 차 가게들은 덴차(엽차) 상태로 판매하고, 구입한 사람이 직접 마실 분량만큼씩 갈아서 우렸습니다. 가게에 남아 있는 옛날 가격표를 보면 하나의 차명(茶銘)당 '엽차 금액'과 '간 금액' 이렇게 두 가지 가격

4 여자아이의 날인 3월 3일에 지내는 행사 '히나마쓰리'에 사용하는 인형
5 솥전을 두른 솥

이 표시되어 있습니다. 갈아서 팔 때는 엽차를 간 비용을 따로 받았다는 뜻입니다.

최근에는 차를 먹는 것이 몸에도 좋다는 이야기에 센차의 찻잎을 잘게 잘라 요리 등에 활용하는 분들도 우리 가게를 찾아옵니다만, 맛차야말로 '잎' 그 자체를 먹는 차입니다. 차 찌꺼기도 나오지 않는, 그야말로 간편히 즐길 수 있는 음료라고 해도 과언이 아니지요.

다도가 발전하면서 현재까지 맛차가 전해져왔지만, 다도에 담긴 정신과 관습, 예의 등이 자칫 우리의 일상에서 맛차를 멀어지게 만드는 한 가지 요인이 아닌가 싶기도 해요. 맛차와 차선[6], 다완과 끓인 물만 있으면 누구라도 간단히 즐길 수 있는 것이 바로 맛차입니다. 가벼운 마음으로 차를 즐기는 분들이 더 많아졌으면 좋겠습니다.

6 맛차가 잘 섞이도록 저어주는 도구

차를 내는 시간

　최근 유행하는 식사 방법 중에 '하나씩 다 먹기'라는 말을 들었습니다. 이것은 밥과 국과 반찬이 있을 때, 먼저 반찬만 다 먹고 그다음 국을 다 먹는 식으로 음식을 한 그릇씩 먹는 것을 말합니다. 예전에는 반찬을 먹고 나면 밥을 먹어 입안에서 섞인 맛을 즐기는 식사 방식이 일반적이었는데, 이것을 '삼각 먹기[7]'라고 부르기도 했지요. 지금보다 반찬의 맛이 진해서, 밥을 같이 먹거나 국을 마셔 입안에서 맛을 연하게 함으로써 적당한 맛으로 만들고자 한 것일 수 있다는 이야기를 읽은 적이 있습

---

[7] 일식에서 밥과 국과 반찬을 순서대로 먹으면 동선이 삼각형을 이루는 데서 나온 말

니다.

　도시락 안을 보면 국물이 나오기 쉬운 반찬과 그렇지 않은 반찬이 있지요. 우리 아들은 어렸을 때 반찬 국물이 주변에 배어드는 걸 싫어해서 각 반찬을 꼼꼼하게 나누어서 싸달라고 하곤 했습니다. 이것도 어쩌면 '하나씩 다 먹기'의 일환일지도 모르겠네요. 여러 반찬의 맛이 섞이고 어우러지는 것도 도시락을 먹는 재미 중 하나라고 생각해왔던 저는 뼛속 깊이 '삼각 먹기' 쪽 사람인 것이겠고요.

　다도 수련에서 다양한 다도 예법과 태도를 배우고 하나씩 몸에 익힌 끝에 그 정점에 이르는 일은 가장 정식으로 치르는 다회인 '오차지(お茶事)'에서 주인 역할을 맡는 것이라는 이야기를 들었습니다. 솥과 다완 같은 도구, 꽃과 차 등을 준비하는 것 외에 '오차지'를 시작할 때 주인이 미리 차려놓는 간단한 요리를 '가이세키'라고 합니다. 초대받은 손님들이 마지막에 차를 맛있게 마실 수 있도록, 공복을 채우고 기분을 부드럽게 풀어주어 몸도 마음도 이완할 수 있게 해주는 것입니다. 밥과 국에서 시작해 무코즈케(생선회), 조림, 구이, 맑은 국, 메인 요리로 이

어지며 술을 곁들이고, 요리에 쓴 식재료와 그릇을 통해 계절 감과 주인의 마음을 담아내며, 마지막으로 누룽지를 넣고 끓인 탕과 채소 절임을 내어 그릇과 입안을 깨끗하게 하는 것으로 식사가 끝이 납니다. 그때부터 과자를 내고, 드디어 클라이맥스로 접어들어 진한 차, 연한 차를 내는 것으로 이어집니다.

이 마지막에 마시는 맛차를 맛있게 대접할 수 있도록, 소재와 요리 방식을 그에 맞추어 고민하고 생각해낸 가이세키는 일본인의 탁월한 지혜를 집대성한 것이라고 생각해요. 그릇을 사용하는 방법, 요리를 먹는 순서 등 정해진 것들이 많아서 매우 번거롭게 여겨지지만, 다도를 배울수록 사실은 이것이 몸도 마음도 기분 좋고 맛있게 먹을 수 있게끔 하는 합리적인 규칙을 모아둔 것임을 납득할 수 있게 됩니다.

그렇다고 매일의 일상적인 식탁에서 이렇게 준비할 수는 없지요. 때로는 냉장고 속에 남아 있는 재료들을 처리하고, 유통기한이 거의 다 되어가는 햄을 어떻게 요리해볼까…… 같은 고민으로 머리를 싸매는 것이 평범한 주방에서 일어나는 일들입니다. 매일 세 번의 식사를 준비하다 보면, 식사용 알약 같이 간단히 먹고 끝낼 수 있는 게 있다면 얼마나 좋을까 하는 생각마저 듭니다. 그렇지만 몸이 아파 아무것도 먹고 싶지 않아질 때, 매일 음식을 맛있게 먹을 수 있는 건강이 얼마나 고마운 것인지를 절절히 실감하게 되는 것도 사실입니다. 잘 우러난 육수를 떠서 맛볼 때나 막 나온 두부를 입에 넣었을 때 '맛있어' 하고 느낄 수 있는 것이야말로 더할 나위 없는 행복이라고 할 수 있겠지요.

음식에 대한 기호는 정말 사소한 계기로 정해지기도 합니다. 제 친정어머니는 아이 셋을 키우면서 아버지의 진료소에 입원한 환자 분들의 식단을 짜는 등 정말이지 바쁘게 사셨습니다. 어머니는 "토마토는 영양 만점이니까, 앞으로 쑥쑥 자랄 어린이라면 꼭 먹어야 해." 하면서 항상 본인의 접시에 있는 토마토까지 나눠주셨어요. 토마토가 지금보다 비싸던 시절이었는데, 엄마는 정말로 자상하구나 생각했지요. 그런데 나중에서야 엄마가 토마토를 싫어했다는 사실을 알게 되었습니다. 엄마의 그러한 꼼수 덕분에 저는 무엇이든 가리지 않고 먹을 수 있는 사람으로 자랐어요.

그렇지만 여러 가지 음식의 진정한 맛을 알게 되기까지는 의외로 시간이 걸리는 것 같아요. 우리 남편은 성인이 될 때까지도 생강을 싫어해서 차가운 소면에도 생강을 넣지 않는데, 우리 아들로 말할 것 같으면 꽤 커서도 '와사비를 뺀 스시'를 찾는 아이였답니다.

일본차에도 종류가 여럿 있고, 산지에 따라서도 각각 특징이 달라서 처음부터 모두의 입맛에 맞는 차를 단정할 수 없습니다. 스시 집에 가면 커다란 찻잔에 가루 센차나 교쿠로를 가득 따라서 주곤 하지요. 적당한 때에 뜨거운 차로 다시 내주니 기분도 좋고, 이 차가 와사비처럼 생선 비린내를 없애주는 역할도 한다고 하네요. 식사에 맛있는 술을 곁들이는 것도 물론 매력적이지만, 식사 중에 먹는 차는 여러 가지 맛을 느끼고 즐길 수 있도록 입안을 그때그때 헹궈주는 역할을 해줍니다. "센차는 쓰잖아."라든가 "차보다는 물이 좋은데⋯⋯." 하고 차를 꺼리는 분들도 있으시겠지만, 차에 대한 기호도 아주 사소한 계기로 바뀔 수 있지 않을까요.

몸이 으슬으슬 추워지면 식사에 곁들이는 것으로 뜨거운 차가 제격이지요. 뜨거운 물에 살짝 우려낸 반차(야나기)를 추천합니다. 반차는 센차용으로 재배한 찻잎 중에서 다소 크게 자란 것들을 모은 것으로, 뜨거운 물에 살짝 우려서 마십니다. 센차 같은 가벼운 풍미에, 부담 없이 마실 수 있는 가성비 좋은 차입니다.

반차로 쓰는 찻잎을 찬찬히 가열해 태운 것이 호지차로, 이 차는 양식에도 잘 어울립니다. 교토 특산 순무 절임이나 겨된장 절임 등을 곁들여 차즈케[8]로 만들어 먹기에도 제격이에요. 장어 쓰쿠다니(조림), 참치 초밥, 도미 차즈케에는 교쿠로나 센차로 만든 가루차나 구키차('가리가네')[9]가 어울립니다. 살짝 느껴지는 단맛이 부드럽게 감도는 한편 떫은맛도 있어서, 밥과 함께 먹으면 입안을 산뜻하게 해주기 때문이지요. 또 전골 요리를 다 같이 먹는 자리에 차갑게 식힌 호지차를 곁들여보세요. 분명 좋은 반응을 얻을 거라 생각해요.

식욕이 살아나는 가을은 겨울잠에 대비하는 곰도 아닌데 단것이 자꾸 당기는 계절입니다. 교토의 전통과자점인 '간센도(甘泉堂)'의 밤을 넣은 팥 양갱, '사와야(澤屋)'의 콩가루를 듬뿍 입힌 조떡(아와모치), '가메수에히로(亀末廣)'의 사각사각 씹히는 '카루카루' 센베이……. 교토에서 이 무렵에 먹을 것들을 들자

8　밥에 뜨거운 차를 붓고 장아찌나 조리한 생선, 고기 등을 얹어서 먹는 음식
9　'가리가네'라고 부르는 차나무의 줄기만 모아서 만든 차

면 끝도 없이 나오지요. 울긋불긋한 가을 산들과 단풍이 연상되는 '긴톤'[10]처럼 하나같이 보는 재미도 있고 맛도 좋은 화과자입니다.

다다미 위에 정좌하고 긴장한 상태로 마시는 것이 맛차라는 생각을 내려놓고, 나만의 방식으로 주방에서 지금 있는 그릇을 꺼내 차선을 저어 마셔보면 또 다른 즐거움을 발견할 수 있을지도 모릅니다. 아니면 마음을 조금 차분히 내려놓고, 느긋한 기분으로 교쿠로를 우려보는 건 어떨까요? 갓 구운 애플파이와 볶은 반찬 등 이런저런 조합을 생각해보기만 해도 마음이 두근거립니다. 가을을 향해 가는 이 시기, 여러분에게 다양한 차를 내는 순간이 늘어나기를.

10 팥 등으로 만든 앙금을 착색하고 체에 내려 가늘게 뽑은 후 젓가락으로 심어 모양을 낸 화과자. 앙금을 어떤 색으로 물들이는지에 따라 다양한 계절감을 표현할 수 있다.

가리가네

예로부터 일본에서는 '차바시라(차의 줄기 기둥)가 서는' 것이 길조라는 말이 있습니다. 차바시라가 선 것을 보거든 다른 사람에게 보이지 않도록 가만히 차를 다 마시라고 어렸을 때 할머니가 가르쳐주셨어요. 그렇지만 어린 저에게 짧은 막대 같은 걸 통째로 삼키기란 어려운 일이었지요. 차바시라는 원래 일상적으로 쓰는 차의 줄기인데, 요즘 나오는 규스 중에는 찻잎이나 줄기가 빠져나오지 않도록 내부에 촘촘한 망이 부착되어 있는 것이 많은 데다 티백을 쓴다면 애초에 안에 들어 있는 찻잎이나 줄기가 나올 일이 없기도 합니다.

밭에서 막 딴 차나무의 새싹은 먼저 쪄서 산화 작용을 멈

춘 다음 열을 가해 건조시키면서 비벼 '꼬임'을 만듭니다. 이렇게 만들어진 것을 아라차(荒茶)라고 합니다. '하나코(花粉)'는 센차를 만들 때 나온 고운 가루차입니다. 하나코 외에도 정선(精選) 과정에서 교쿠로 가루, 호지차 가루도 나옵니다. 차는 어느 것 하나 쓸모없이 버려지는 것이 없습니다. 하나하나 빠짐없이 살리는 방도가 있어, 소중히 다룹니다. 가루차는 가성비가 뛰어나 스시 집 등에서 선호하며, 천에 거르거나 자루에 넣어서 쓰곤 합니다. 가루라서 비싸지는 않지만, 잘 우리면 매우 맛있는 차입니다.

아라차에서 싹과 줄기, 가루를 분리해 잎 부분을 차로 만들며, 이때 골라낸 줄기 부분이 구키차가 됩니다. 줄기라고 해도 차 종류에 따라 차이가 커서, 차바시라라고 할 만큼 어느 정도 단단한 줄기는 반차에 많고, 상급 교쿠로와 센차는 밭에서 비료를 충분히 주어 재배하기에 줄기 자체도 부드러워 차바시라가 만들어지지 않습니다. 두물차[11] 같은 차에서 볼 수

---

11 二番茶, '니방차'로 읽으며 첫 번째 딴 잎이 신차가 되고, 그 뒤에 자라난 두 번째 잎을 따서 만든 차가 이 두물차가 된다. 다음 세 번째로 딴 잎으로 만든 차는 세물차(三番茶, 삼방차), 네 번째는 네물차(四番茶, 욘방차)가 된다.

있는 크게 자란 찻잎 줄기가 원래 차바시라였을 수 있겠지요. 지금은 이러한 하급 차의 다수가 페트병용 차의 원료로 쓰입니다. '차바시라'를 볼 기회가 줄어든 데에는 이러한 이유도 있습니다.

골라낸 줄기 부분만 모아서 만든 구키차는 예로부터 '가리가네'라 불렸습니다. '기러기(가리)의 울음소리'라는 이 신기한 차 이름의 유래 중 하나라고 전해지는 '기러기 이야기'를 책에서 읽은 적이 있습니다. 초겨울에 시베리아에서 떼를 지어 날아오는 기러기들은 작은 나뭇가지를 하나씩 입에 물고 오다가, 지치면 이따금씩 바다 위에 내려앉아서 이 나뭇가지를 부표 삼아 몸을 맡기고 쉰답니다. 그러나 바다를 건널 때까지 유용하게 쓴 이 나뭇가지도 육지에 도달하면 필요가 없어지므로 기러기들이 놓아두고 간 나뭇가지들이 해변에 쌓이게 됩니다. 이윽고 겨울을 나고 초봄에 북쪽으로 돌아가는 기러기 떼는 해변에 버려두었던 이 나뭇가지들을 다시 주워서 물고 여행을 떠난다지요. 그런데 슬프게도 일본에서 겨울을 나는 동안 목숨을 잃은 동료들도 여럿 되어서, 기러기들이 떠난 뒤에도 해변에는 아직 많은 나뭇가지들이 남아 있다는 겁니다. 쓰가루 지방

(아오모리현 소토가하마)에서는 이 나뭇가지들을 모아서 목숨을 잃은 많은 기러기들을 위로하는 마음을 담아 '기러기 욕조(가리부로)'라 이름 붙인 욕조에 불을 때는 풍습이 있었습니다. 그렇게 남아 있는 나뭇가지들이 차의 줄기와 닮았다는 점에서, 사별한 동료를 그리워하는 기러기들의 슬픈 울음소리를 뜻하는 '가리가네'라는 이름으로 부르게 되었다는 내용이었어요. 구키차, 그러니까 '가리가네'를 특히 선호하는 것이 야마가타 시 부근의 구키호지차, 가가 시의 보차(棒茶, 봉차), 이즈모 지방의 시라오레차(白折茶) 등으로 동해 부근이 많은 것을 보았을 때 이 '기러기 이야기'가 전혀 터무니없는 이야기는 아닐 거라고 차 도매상 분이 그러더군요.

줄기 부분을 모은 차로는 교쿠로 가리가네와 센차 가리가네, 줄기만 덖은 구키호지차가 있습니다. 잎과 달리 속이 차 있어서인지 줄기에서는 특유의 단내와 함께 깊은 단맛과 감칠맛이 느껴집니다. 교쿠로와 센차 가리가네는 끓였다가 살짝 식혀서 우리면 각각의 향과 맛을 즐길 수 있습니다. 조금 더 부담 없게, 뜨거운 물에 살짝 우렸다 따라서 마셔도 돼요. 요릿집 같은 데서는 그 진한 풍미가 좋다며 일부러 구키호지차를 쓰기도 합니다.

　그런데 아라차에서 줄기와 싹, 가루를 분리해내는 작업은 대체 어떻게 이뤄지는 걸까요. 이것이 제 소박한 의문이었습니다. 시어머니가 어렸을 때, 그러니까 쇼와 초기[12] 시절에는 '차요리상'[13]이라 불리는 여성이 우리 가게에 여럿 있었다고 합니다. 이 사람들이 하는 일이 말 그대로 '차 고르기'로, 검은색 널빤지 위에 아라차를 조금 흩뿌린 다음 양손 집게손가락으로 잎과 줄기를 나눴답니다. 차로 만들어진 아라차의 줄기는 흰색을 띠므로 흰 것은 오른쪽, 검게 보이는 잎을 왼쪽으로 나누어 놓습니다. 워낙에 양이 방대한 만큼 차를 골라서 나누는 것은 굉장히 힘든 작업에 속했고, 찻잎을 따는 것과 마찬가지로 손을 쉬지 않고 움직여야 하는 반면 입은 쉬고 있으니 말하기를 좋아하고 끈기가 있는 여성에게 잘 맞는 일이었다고 해요.

　지금은 물론 '차요리상'이 없고, 기계로 선별할 수 있게 되었습니다. 쇼와 10년(1935년)경에 정전기를 이용해 줄기와 잎을 분리하는 기계가 발명된 이래 계속 발전 중으로, 지금은 카메

12　쇼와는 1926년부터 1986년까지다.
13　차 고르는 사람이라는 뜻

라로 색을 선별해 분리하는 데에까지 이르렀다고 남편이 알려주더군요. 차의 싹이나 가루를 골라내는 것도 옛날에 키를 흔들어 분리하던 것과 원리는 같되 풍력을 이용한 기계로 진화했습니다. 찻잎의 길이나 크기를 고르게 하는 작업 역시 예전에 쓰던 도구를 기계로 전환해, 효율을 높이고 더욱 위생적으로 대량을 작업할 수 있게 되었습니다.

기러기의 울음소리라니, 저는 '가리가네'라는 이름을 운치가 있어 좋아하지만 '가리가네'라고 했을 때 구키차라고 알아듣는 사람이 그리 많지 않은 것도 사실입니다. 예전에는 '가리가네'라는 표기 밑에 괄호로 '구키차' 하고 설명을 붙이곤 했습니다만, 지금은 괄호 안팎이 뒤바뀌어 구키차를 주로 표기하고 보조적으로 '가리가네'를 덧붙이는 식이 되었습니다.

교쿠로와 센차에도 끝에 '가리가네'를 붙인 구키차가 있는데, 이것은 상급 아라차에서 선별해 만든 것입니다. 품질이 좋은 것치고 가격이 괜찮아서, 이러한 점을 조금 더 어필하면 좋으련만 안타깝게도 만들 수 있는 양이 제한적이라 어려움이 있답니다.

우리 가게에서 차 만들기 교실을 개최할 때는 제복 대신

전 직원이 똑같은 앞치마를 두릅니다. 그 앞치마의 가슴팍에는 우리 가게 이름과 함께 차를 담은 찻잔이 수놓아져 있어요. 자세히 보면 찻잔 속 찻물에 차바시라 한 줄기도 디자인되어 있답니다. 길조를 바라는 마음을 담은 것이라 할까요.

체

　“모름지기 다도를 아는 사람은 집에 불이 났을 때 제일 먼저 화로의 재가 담긴 항아리를 들고 나오는 법이다.” 시어머니가 잘 하시던 이야기입니다. 11월에서 4월까지 다실에서 사용하는 화로에 쌓이는 재는 잘 살피면서 계속 사용할 때 풍미가 깊어지므로, 다도를 하는 사람에게는 돈을 주고 살 수 있는 차 도구보다도 매우 귀중한 것이라고 가르쳐주셨어요.

　우리 가게에서는 성수기를 제외하고 매주 다도 선생님을 초청해 모든 직원이 교대로 다도를 배우고 있습니다. 그때 쓰는 화로의 재는 그렇게까지 열심히 보살펴온 것은 아니어서 대단하진 않지만 그래도 여름철에는 그 화로의 재를 살피는 게 굉장히 중요한 일이 됩니다. 예전에는 시어머니가 도맡아서 하셨지만, 우리 부부와 함께 살게 된 이후로는 저나 남편이 담당하고 있어요.

　한여름의 토왕지절(土旺之節), 맑은 하늘에 뙤약볕이 쨍쨍한 날이 이어질 때를 골라 재를 만드는 작업을 합니다. 방법은 여러 가지가 있는데, 우리 가게는 다도를 배울 때 화로 속에 숯을 준비하면서 재에서 숯 조각을 골라냅니다. 늦가을에서 초봄까지 거의 반년간 화로에서 사용해온 재를 폴리에틸렌 소재의 커다란 양동이에 넣고 물을 부어 뒤섞은 다음 떠오르는 잿물과 숯 조각을 건져냅니다. 그리고 물을 여러 번 갈아가며 더 이상 물이 탁해지지 않을 때까지 이 과정을 반복합니다. 재가 깨끗해졌으면 테두리를 댄 돗자리 같은 데에 펼치고, 직사광선을 쬐어 적당히 눅눅한 상태가 될 때까지 말립니다. 반차를 끓여서 우린 다음 물뿌리개에 담아 반쯤 마른 재 위에 골고루 뿌려주고, 다시 직사광선을 쬐어 건조시킵니다. 재에 반차의 색이 밸 때까지 반차를 뿌려서 말리는 작업을 여러 번 반복하는 것까지가 첫 번째 단계입니다.

　때로는 말리고 있는 도중에 비가 내려, 돗자리째 들고 처마 밑으로 옮기기도 합니다. 사람이 아니라 결국은 해님에게 달린 작업이다 보니, 볕이 약하고 구름 낀 날이 많아 시간만 더 들고 결과물은 좋지 않은 해도 있습니다. 햇볕이 쨍쨍한 날이 며칠간 이어질 때가 아니면 역시 잘 되지 않거든요. 돗자리를 사용하니 돗자리의 틈새로 재가 빠져나가는 것이 너무 아까워, 최근에는 우리 남편이 고심 끝에 생각해낸 대로 커다란 플랜터(planter) 위에 재를 펼쳐서 말리고 있습니다. 거기다 지금은 건물 옥상에 놓고 말리게 되면서 다른 사람의 시선을 신경 쓰지 않고 작업할 수 있게 되었어요. 얼마 전까지만 해도 주차장에 돗자리를 펼치고 작업하고 있으면 지나가던 사람이나 이웃 분들이 신기하게 보시다가 "뭐하는 거예요? 흙장난이라도 하는 것처럼 보이네요." 하고 말을 걸어와서, 대답을 해주다보면 어느새 수다 삼매경에 빠지기도 했지요.

적당히 눅눅한 느낌이 남아 있는 상태로 재를 말린 다음, 마지막으로 체에 내려 보관용기에 담습니다. 골고루 풀어주면서 말린다고 말려도 입자가 작은 탓인지 꽤 단단하게 뭉친 덩어리들이 잡혀 놀랄 때가 많아요. 체 위에 재 덩어리를 올리고 국자 등으로 눌러서 덩어리를 부수며 통과시키는 방법이 효율적인 것 같아요. 체를 통과하지 못하고 위에 남은 숯 조각 등을 하나하나 버리고 나면 체에 내린 재는 흙에 가까운 색을 띠고 보드라운 상태인 것을 볼 수 있습니다. 습기가 완전히 날아가지 않도록 항아리 같은 데에 보관합니다.

마지막으로 체에 내리는 작업은 기온마쓰리가 끝날 무렵, 교토가 일 년 중 가장 더울 때 며칠 동안 교대로 상태를 살펴가며 합니다. 혼자보다는 손이 좀 더 있으면 수월하게 할 수 있어서 우리 부부 두 사람이 작업을 하지요. 손을 움직이면서 이런저런 이야기를 하는 와중에 남편이 "차 가게를 하는 사람에게 '체에 내리는 일'이란 빠져서는 안 될 정말로 중요한 일"이라고 가르쳐주더군요.

5월에서 6월에 걸쳐 차밭에서 딴 찻잎은 먼저 찐 다음 비벼서 건조시켜 아라차로 만듭니다. 이 아라차에는 잎이 두툼하거나 가는 것, 길고 짧은 것, 줄기와 가루까지 다양한 형태의 잎이 들어 있습니다. 이것들을 각각 분리하려면 '체에 내리는 일'이 빠질 수 없는 것이지요.

현재 아라차를 정선하는 공정은 모두 기계로 자동화되어 있는데, 원리를 들여다보면 '체'를 이용해 분리해낸 인간의 지혜를 그대로 가져온 것이라 합니다. '체'를 수평적으로 빠르게 앞뒤로 움직이면 덩어리가 큰 것과 작은 것이 분리되고, 다시 수평적으로 원을 그리듯이 돌리면 길고 짧은 것이 서로 분리되는데, 가루만 빠지게 하는 등 다양하게 활용할 수 있지요. 이렇게 '체'를 움직이는 손길의 원리를 그대로 기계로 재현해 쓰는 것입니다. 이런 식으로 아라차가 완성된 상태에서 각각 분리해 내 형태를 다듬고, 버리는 것 하나 없이 가루까지 모두 다 쓰는 것이야말로 진정 훌륭한 점이라고 늘 생각해요.

맛차는 찐 다음 잎이 펼쳐진 상태 그대로 말려서 마지막에 맷돌로 갈아줍니다. 그다음 조금 더 다루기 쉽도록 '체'에 내려주면 맛차가 완성됩니다. 병에 담고 나서도 입자가 작으면 작을수록 진동에도 정전기가 잘 일어나 덩어리지기 쉽습니다. 대기가 건조해지는 겨울철이면 정전기가 더욱 잘 일어나지요. 쓰기 직전에 '체에 내려주는' 매우 간단한 방법으로 이를 해결할 수 있는데 몰라볼 만큼 차가 다루기 수월해진답니다. '맛차체'라는 도구가 있는데, 망 위에 맛차를 붓고 대나무 주걱으로 저으며 통과시키면 보들보들한 맛차가 됩니다. 이를 우리면 차가 잘 우러날 뿐 아니라 입에 머금었을 때 느껴지는 풍미도 훨씬 좋아집니다. 주방에서 맛차를 간편하게 우리고 싶을 때는 깨끗한 차 거름망을 '체' 대신 활용해서 맛차 1인분을 맛차 다완 위에 대고 간단히 걸러줍니다.

　　제가 시어머니에게서 여름철에 '습한 재'를 만드는 방법을 배웠을 무렵은 아직 차에 관해 완전히 초보였을 때였어요. 다도 실습실에 놓인 풍로를 화로로 바꿀 때 화로에 바싹 마른 재를 담으면 온 사방에 흩날리게 될 테니, 이를 염려해서 재를 눅눅하게 해두는 것이려니 생각했습니다. 그런데 다도를 점점 배워가고 숯을 다루는 예식을 익히게 되면서 '습한 재'에는 훨씬 더 중요한 의미가 있음을 알게 되었습니다. 바로 화로 안에 습한 재를 뿌려서 숯이 더 잘 타게 만드는 것입니다. 상식적으로는 습한 것이 있으면 오히려 불이 잘 안 붙지 않나 싶은데, 습한 재를 넣으면 숯 주변 공기에 대류를 일으켜 숯에 불이 잘 피어오르게 된다고 해요. 그렇다고 너무 눅눅하면 재 숟가락에 달라붙어 잘 떨어지지 않으므로, 적당히 습한 정도를 맞추는 것이 중요합니다.

　　불을 피우면 먼저 숯 향이 퍼지고 화로에서도 향이 올라옵니다. 이윽고 솥에서 들리는 부글부글 소리……. 주변에 있는 화려한 존재들에 가려 눈에 띄지는 않지만 결코 없어서는 안 될 재는 그야말로 '숨은 공로자'입니다. 더운 여름에 땀을 흠뻑 쏟아가며 만든 '습한 재'가 실력을 발휘하는 순간입니다.

새해 떡국과 오부쿠차

"소띠 출생은 자신이 태어난 집을 지킨다."는 말을 들은 적이 있습니다. 우리 시어머니가 바로 이 데라마치의 집에서 태어나고 자란 소띠입니다. 하나 있는 언니는 다른 집으로 시집을 가고, 시어머니는 도쿄에서 데릴사위(우리 시아버지)를 들여 집안을 지키며 지금은 돌아가신 시아버지와 함께 이 가게를 계속해오셨습니다. 시어머니의 어린 시절이나 여학교에 다니던 시절 이야기는 몇 번을 들어도 재미있어요. 당시에는 가게와 주거 공간이 하나로 이어져 있어서, 지금의 생활과는 다른 것들이 놀라울 만치 많았답니다. "내가 어렸을 때는 섣달그믐이 지금처럼 조용하지 않았지." 하고 시어머니는 이야기하시지요. 지금도 우리 가게에는 정월용 맛차를 거의 아슬아슬하게 시간 맞춰 사러 오는 분들과 새해 인사용으로 주문하시는 분들이 있어 섣달그믐날에는 저녁 6시까지 영업합니다. 그렇지만 주변의 가게들은 거의 관공서 업무 종료 시점에 맞춰 설 연휴에 들어가므로 이 데라마치 거리도 조용해져버리고 맙니다. 시어머니가 어렸을 때는 모든 가게가 섣달그믐날 밤늦게까지 가게를 열어놓고 있었다고 해요. 밤늦게 일을 마치고 고향에 들고 갈 명절 선물로 차를 사러 오는 분들도 있고, 가게 사람들이 차 배달과 수금을 끝내고 돌아오는 시간도 밤늦게여서 "그때부터 뒷정리와 마감을 하다 보면 거의 동틀 때가 되곤 했다." 고 합니다.

당시 주방에서는 우리 가족의 식사만 만드는 것이 아니고, 집에 같이 살면서 일하는 가게 직원들과 여직원들이 많아 그들의 식사도 같이 챙겼다고 해요. 12월이 되어 제일 먼저 하는 일이란 물을 채운 나무통에 대구포를 담그는 것입니다. 중간중간 물을 여러 번 갈아주면서 며칠간 대구포를 불렸다고 합니다. 섣달그믐날이 되면 그것을 커다란 냄비에 넣고 푹 조리는 것으로 오조니(일본식 떡국) 준비를 하느라 부산했다지요. 대구포를 익히는 동안 무어라 말할 수 없는 냄새와 함께 증기가 들어차 점점 후끈후끈해지는 주방의 모습이 어린아이였음에도 인상에 깊게 남아 잊히지 않는다고 하십니다. 이런 이야기를 듣고 있으면 어쩐지 저도 그 주방에 있는 것 같은 착각에 빠지게 되니 신기한 일이지요.

견습 직원들도 여럿 있어서, "떡국에 들어 있는 둥근 찹쌀떡(마루모치)을 경쟁하듯이 먹어치우느라, 혼자서 30개씩 먹은 사람도 있었지. 견습생들한테 주는 떡국에는 찹쌀떡 말고는 기껏해야 당근에 오야키(구운 두부), 조린 곤약, 대구포, 검은콩 정도 들었던가 했으니. 가게 사람들 전부 다 한자리에 모여서 떡국을 먹으면서 새해를 맞이하다 보면 새해 아침 5시쯤에야 자러 가는 거야." 하고 그리운 듯이 이야기하셨지요.

교토에서는 백된장(시로미소)으로 떡국을 만듭니다. 예로부터 카시라이모[14](다른 사람 위에 서는 자가 되기를 바란다는 뜻을 담은 것으로 주인이나 남성에게 주었다)는 자르지 않고 그대로, 떡국용 무는

---

14 토란의 어미 줄기를 뜻하는 '오야이모'의 오사카 방언이다. 토란을 뜻하는 '이모'에 부모를 뜻하는 '오야(親)' 자를 붙인 것인데, 오사카 지방에서는 머리를 뜻하는 '카시라(頭)' 자를 붙여 '카시라이모'로 부른다.

둥글게 썰어서 넣고, 여기에 둥근 찹쌀떡을 더해 백된장으로 국을 끓인다고 들었습니다만 우리 집에서는 시어머니가 가르쳐주신 대로 먹기 편하게 만드는 것이 우선입니다. '머리'가 될 사람에게 주는 토란도 좀 작고, 무도 일반 무를 둥글게 썬 다음 4등분해 조리거나 데치거나 하는 식이에요. 그런 다음 구운 두부를 한 입 크기로 자르고, 데쳐둔 것들을 준비합니다. 냄비에 육수를 듬뿍 붓고 백된장을 넉넉하게 풀어준 다음 이 건더기들을 전부 넣고 끓입니다. 새해가 밝으면 시어머니는 맛이 진하게 밴 이 국물을 따끈하게 데우고, 전자레인지에 돌린 둥근 찹쌀떡을 넣어줍니다. 예전에는 찹쌀떡을 데쳐서 말랑하게 만들어 넣었는데, 아무래도 수분이 많아지다 보니 잠시 신경을 다른 데 쓰는 사이에 퍼지거나 달라붙어버리는 경우가 많아 결국 문명의 이기를 활용하게 되었습니다. 요즘에는 찹쌀떡을 구워서 넣어보는 등 이런저런 실험을 해보고 있네요.

보통 된장국을 끓일 때는 된장을 넣고 나서 부글부글 끓어오르지 않게 하는 것이 중요하다고들 하는데, 백된장을 넣어 끓일 때만큼은 전날 밤에 끓여두고 다시 또 끓이고 해도 괜찮습니다. 그릇에 담은 다음 먹기 직전에 상급 가다랑어포(가쓰

오부시)를 살짝 얹어줍니다. 백된장은 단맛이 난다고들 많이 생각하지만, 설탕의 단맛과는 다르게 육수와 잘 어우러지는 고급스러운 단맛이 부드럽고 진하게 퍼져 온몸 저 깊은 곳에서부터 따뜻하게 데워줍니다. 떡국은 지방마다 다양하게 만들지요. 제가 태어나고 자란 산인 지방에서 만들던 떡국과도 전혀 다른데, 어느새 이 백된장으로 만드는 떡국이 가장 오래 먹어온 것이 되었고 또 먹는 게 기다려지는 맛이 되었네요.

그러고 보니 매년 11월도 중순이 넘어가면 조간신문에 "대구포, 중앙도매시장에서 경매 개시" 같은 기사가 나오곤 합니다. 연하장은 시중에 나왔어도 정월 준비는 아직 이르다 싶은 이 시기부터 가게에 대구포가 나오지요. 교토에는 에비이모[15]와 대구포를 끓여 만드는 요리로 유명한 가게가 있는데, 일반 가정에서 명절 요리(오세치) 외에 이 대구포를 쓰는 경우는 잘 보지 못한 것 같아요.

---

15 토란('사토이모')의 일종으로, 교토 지방에서 전통적으로 나는 채소다.

지난해의 나쁜 기운을 물리치고 새해를 경사스럽게 맞이하는 풍습의 하나인 '오부쿠차(대복차)'. 교토에서는 설날에 이 오부쿠차를 마시며 새해를 축하하는 관습이 이어져 내려오고 있습니다. 헤이안 시대 수도에 전염병이 돌자 구야 대사가 차를 나눠주어 많은 사람이 낫게 해주었다는 데서, 무라카미 천황이 그 복이 이어지기를 바라며 새해의 첫날에 차를 마시도록 정했다고 하지요. 천황께 올리던 차라는 뜻으로 '오부쿠차(王服茶)'라 한 것이, 동일한 발음에 축복의 의미를 담은 '오부쿠차(大福茶)'가 되었답니다. 우리 가게에서는 상급 현미차를 '오부쿠차'로 준비해둡니다.

현미차는 반차(야나기)에 볶아서 구수한 현미를 섞어서 만든 것입니다. 센차를 만드는 과정에서 나오는, 제대로 꼬이지 않은 잎이나 줄기 대를 모은 것들을 '야나기(버드나무)'라고 부릅니다. "어머나, 차에 버드나무 잎도 들어가는 거야?" 하고 놀라지는 말아주세요. 찻잎의 모양이 '버드나무' 잎과 닮아서 그렇게 부르게 된 것뿐이니까요. 오부쿠차는 '야나기' 찻잎 중 상태가 좋은 것들을 엄선하고 여기에 일반보다 상급의 현미를 섞어 그야말로 구수한 맛이 일품인 차입니다.

규스에 찻잎을 넉넉하게 3큰술 정도 넣고 뜨거운 물을 바로 부으면 온통 고소한 향이 퍼집니다. 바로 뚜껑을 덮고 30초가량 기다린 다음 단번에 찻잔에 부어주세요. 여기에 좀매실나무 열매나 가공 다시마[16]를 넣어도 좋아요. 현미 향은 첫 번째만은 못하겠지만, 첫 번째와 동일하게 규스에 뜨거운 물을 부어 세 번까지 우려서 마실 수 있습니다. 두 번째부터는 뜨거운 물을 부은 다음 기다리지 말고 바로 찻잔에 다 부어주세요. 평소에 잘 쓸 일이 없는 뚜껑 달린 찻잔이 있다면 이때 써보는 것도 좋겠지요. 아니면 평소에 쓰는 찻잔이라도 차탁에 얹어보거나, 예쁜 코스터로 분위기를 내보며 새해를 축하해보는 건 어떨까요. 꼭 오부쿠차가 아니어도, 조금 진한 맛차를 우려내 정월에 어울리는 화과자를 곁들여 새해 첫 차를 마시는 것도 무척 좋을 것이라 생각합니다.

16 다시마를 잘라서 설탕을 입혀 묶은 다음 건조시킨 것으로, 결혼식 등 축하와 축복하는 자리에 쓴다. 직역하면 '매듭 다시마'라는 의미가 되는 '무스비콘부'라 한다.

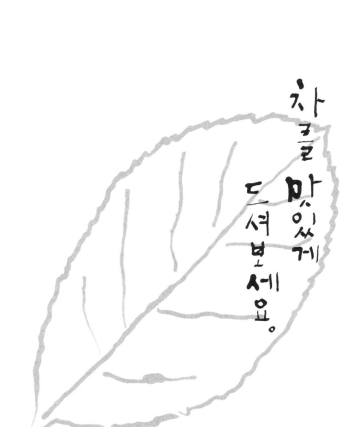

차를 맛있게 드셔보세요.

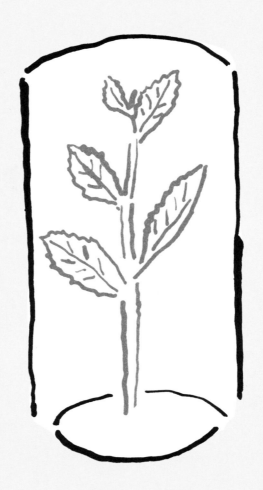

살아 있는 잎사귀들

"꽉 닫아서 넣어두면 되지 뭐……." '마른 식품'에 속하는 찻잎은 살아 있는 것처럼 보이지 않아서 며칠이고 두고 먹을 수 있다고 생각하기 쉬워요.

'나중에 마시자' 하고 차를 선반 안쪽에 넣어두고 있지는 않나요.

보관 방법에 따라 차이는 있지만, 찻잎도 우리와 동일하게 나이를 먹습니다. 사람이든 찻잎이든 '안티에이징'이란 정말 어려운 것 같아요!

풍부한 풍미를 즐기려면 유통기한 안에 꼭 맛보세요.

듬뿍 넣어주세요!

"차가 맛있게 우려지지 않아요!" 하는 분들의 이야기를 가만히 들어보면, 차를 우릴 때 쓰는 찻잎의 양 때문인 경우가 대부분이에요.

'모처럼 산 고급 차가 아까우니 조금씩 넣어서 마시자.' 먹는 식품인 차를 우릴 때, 찻잎을 1작은술 정도밖에 넣지 않지요.

그러면 그냥 '차향이 나는 뜨거운 물'이 되고 말아요.

잇포도의 찻잎을 쓸 때는 한 번에 수북하게 2큰술 정도 넣는 것이 적당해요.

이 정도를 넣어야 비로소 진정한 차의 맛과 향을 풍부하게 느낄 수 있답니다.

그렇지만 차 가게에 따라서, 또 개인의 취향에 따라서 좋아하는 맛은 제각각이지요.

우선은 차를 구입한 가게에서 권해주는 양만큼 시험해보세요.

불이 없어도 되는 차

"차는 찬물에도 잘 우려져요." 하고 이야기하면 "정말이요?" 하고 놀라는 분들이 많습니다.

차는 뜨거운 물에 우리는 것이라 단정하지 말고, 찬물로도 꼭 우려보세요.

평소보다 단맛이 좀 더 도드라지는 차를 즐길 수 있을 거예요.

상온의 물에서 센차나 교쿠로를 추출하는 시간은 15분가량이 기준입니다.

첫 번째는 뜨거운 물에 우리고, 두 번째는 얼음물에 우려보는 식으로 즐길 수도 있어요.

규스는 맛을 끌어내는 도구

차에서 규스란 '조리도구' 중 하나예요. 뜨거운 물의 온도와 우리는 시간을 조절해, 규스 안에서 취향에 맞는 맛과 향으로 만들 수 있습니다.

단순히 찻잎과 뜨거운 물을 규스에 담았다 찻잔에 붓는 것이 아니라, 규스를 이용해 자신의 입맛에 맞는 맛과 향을 끌어낸다고 생각해보세요.
그러면 '오늘은 어떻게 우려볼까' 하고 가슴이 두근두근 뛰지 않나요.
뚜껑의 만듦새, 차를 붓는 주둥이와 손잡이의 모양, 사용하기 편리한가 하는 점도 잘 따져봐야 합니다.

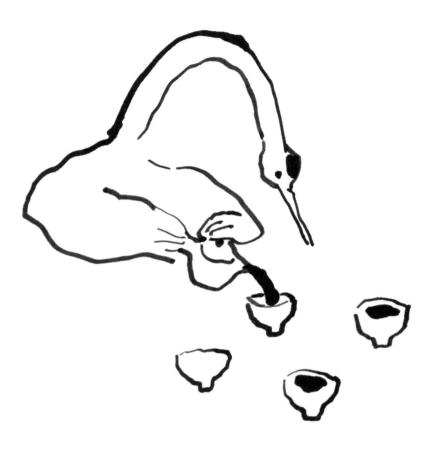

따스한 기분이 되어라

차를 맛있게 우리는 요령은 분명히 있습니다.
그렇지만 그중에서도 가장 중요한 것은 '맛있어져라!' 하고 바라는
마음이에요.
급한 마음에 초조해하거나 뭔가가 거슬려 짜증이 난 상태라면 어
떻게 해도 차가 잘 우러나지 않아요.
마음을 담아서 차를 우려보세요.
의외로 이것이 맛있는 차로 가는 지름길일지도 모른답니다.

맛차를 일상에서 즐겨요

맛차가 앞에 놓이면 나도 모르게 등을 펴고 앉아야
할 것 같은 기분이 듭니다.
입안에 퍼지는 고급스러운 느낌과 충실하게 꽉 찬
느낌은 더 말할 것도 없지요.
이런 느낌을 가볍게 일상 속으로 가져와보는 건 어
떨까요.
양과자와도 잘 어울리는 맛차, 예를 들면 과자에 맞
춰 그릇을 골라보고요.

평소 차를 마실 때 늘 쓰는 그릇, 서양식이든 일본식
이든 혹은 유리잔 같은 것이든 다양한 그릇으로 즐
겨보는 건 어떨지요.
커피? 홍차? 아! 오늘은 맛차로 가자.
이러한 기분으로 맛차와 만나보세요.

차는 우리는 사람이 가장 이득이에요

일본차는 맛과 향이 순한 것이 특징입니다. 홍차나 허브티처럼 향이 그렇게 강하지 않아요.
차향을 가장 강하게 느낄 수 있는 순간은 차를 우리고 있는 동안입니다.
차를 우리고 있을 때 은은하게 느껴지는 달콤한 풋내를 제대로 즐길 수 있어요.
호지차나 볶은 반차의 구수한 향도 마찬가지입니다.

장사

현재 일본에서 가장 많이 소비되는 차는 센차입니다. 시즈오카, 가고시마, 우지 등 산지별로 풍미의 특징이 조금씩 다르지만 공통적으로 단맛과 떫은맛이 균형 있게 어우러지며 뒷맛이 산뜻하다는 점이 사랑을 받는 것 같아요.

어느 책에서 이르기를 센차는 에도 시대 중엽인 겐분(元文) 3년(1738년)에 현재의 제조법이 개발되었다고 합니다. 그 전에는 새싹을 크게 자랄 때까지(다 자랄 때까지) 키워서 땄다고 하는데, 우지타와라 마을에 살았던 나가타니 소엔이라는 사람이 새싹을 어릴 때 따서 바로 찐 다음 건조시키면서 비벼서 만드는 방법을 개발했다고 하지요. 그에 따라 지금 우리가 마시는 센차와 동일한 차가 완성되었고, 탁월한 풍미와 보관이 용이한 점이 좋은 반응을 얻어 막부 말기에 이르러서는 일본 전역의 차 산지에 이 우지식 제조법이 널리 퍼진 것으로 추정됩니다.

우리 가게는 교호(享保) 2년(1717년)에 교토 시내에서 창업했다고 전해지는데 이때는 아직 센차가 세상에 나오기 전이었으므로 아마도 맛차의 전 단계인 덴차(엽차)와 반차가 주요 상품이지 않았을까 싶어요. 안타깝게도 몇 번의 큰 화재로 기록이 소실되어 지금으로서는 정확히 알 수는 없지만요.

일본차는 원래 중국에서 들여온 것으로, 처음에는 서민의 생활과는 동떨어진 존재였습니다. 헤이안 시대 초기 당나라에 파견했던 견당사가 차를 가지고 돌아왔고 당시 천황이 긴키 지방 일대에서 차를 재배하게 했다고 하는데, 문서상 남아 있는 기록은 여기에서 끊겨 있습니다. 『겐지 모노가타리』의 등장인물들이 차를 즐겼는지 아닌지도 알 수 없어요.

그 후 가마쿠라 막부 시대 초엽인 겐큐(建久) 2년(1191년), 일본에 임제종을 전수한 에이사이 선사가 송나라에서 맛차를 가지고 돌아왔고 그것이 선종 사원 등지로 조금씩 퍼져나갔습니다. 무로마치 막부 시대에 들어서면서 그럭저럭 서민들도 맛차를 마시게 되었는데, 이는 차의 산지를 맞추는 게임으로 성행했던 '투차(鬪茶)'를 제한하는 팻말이 남아 있는 것을 통해서도 알 수 있습니다. 그리고 센노 리큐가 맛차를 우리는 방법과 마시는 방법 등을 양식화하여, 다실과 뜰도 포함한 '다도'로 집대성한 것은 이때로부터 250년 이상 흐른 아즈치모모야마 시대가 되어서였습니다.

이후 막부 말기에 페리 제독이 일본 우라가 연안에 입항해 개국을 강요한 결과 안세이(安政) 6년(1859년)에 요코하마·나가사키·하코다테를 개항하게 되면서, 차의 수출이 시작되었습니다. 개국을 두려워했던 일본이 해외에 수출할 만한 상품으로 꼽았던 것이 첫째로 비단실, 그다음이 차, 그 외 여러 잡화들이었다고 해요. 차는 대표적인 수출 상품으로 각광을 받으며 생산량이 비약적으로 늘었습니다.

다만 서민들이 실제로 평소에 차를 어떤 식으로 마셨는지에 대해서는 정확히 알 방도가 없습니다. 한 가지, 페리 제독이 입항했을 무렵 유행하던 풍자시(狂歌) 중에 "태평한 잠을 깨우는 '조키센' / 고작 넉 잔에 온밤토록 잠이 달아나네"라는 노래가 있는데, 대표적인 우지차의 이름인 '조키센(上喜撰)'이 일본어로 '증기선'과 발음이 같은 것을 이용한 이 노래를 다들 쉽게 이해했던 것을 보면 많은 이들의 일상에 차가 침투해 있었음을 상상할 수 있습니다.

남편의 증조할아버지인 다쓰자부로 님은 시가 현 히코네 시 출신으로, 메이지 시대 초기에 견습 직원으로 이 가게에 들어왔다고 합니다. 그 후 이 집안의 딸과 결혼하며 대를 이을 맏이 신분이 되었습니다. 당시 그 딸에게는 남동생이 있어서 원래는 그가 집안의 장남이었는데, 그 장남을 분가시켜 내보내고 외부에서 새로운 주인을 맞이한 것입니다. 교토의 오래된 가게들 중에는 이와 같이 대를 이은 경우가 흔했다는데, 저는 당시 가게 주인이 어쩌면 이렇게 큰 결단을 할 수 있었을까 하고 감동하는 한편 집에서 내보낸 남동생은 어떤 마음으로 나갔을까 생각해보게 됩니다.

이 다쓰자부로 할아버지는 진취적인 성향이 상당히 강한 분으로, 당시에 차를 담아 보관하거나 수송하던 도자기 재질의 단지나 항아리 대신 나무 상자의 안쪽에 양철을 입힌 다궤(茶櫃)를 고안해내 차의 품질 유지와 수송의 편이를 향상시키는 데 기여하셨다고 해요.

이 무렵 우리 가게는 고베에 살았던 외국인 무역상에게 차를 판매했고, 그 대부분이 미국으로 수출되었다고 들었습니다. 메이지, 다이쇼 시대부터 전후까지의 가격표를 살펴보면 메이지 시대가 끝날 무렵에는 소매상점으로 특화되었음을 확인할 수 있고요. 눈에 띄는 점은 차의 가격이 한 근 언저리로 표시되어 있다는 점입니다. 한 근은 600그램이니, 지금의 100그램 단위 표시에 익숙해진 입장에서 보면 상당히 커다란 자루에 차를 담아서 팔았구나 하고 놀라게 됩니다. 차를 정선하는 기술도 아직 미숙할 때여서 지금처럼 깔끔하게 만든 차가 아니라 거친 차였을 텐데 자루에 푹푹 퍼 담아두지 않았을까 싶어요. 차 한 봉을 사면 어느 정도 기간 동안 마셨을지는 모르겠지만, 유통기한 같은 것도 신경 쓰지 않았겠지요.

가게에 남아 있는 간판 중에 크게 '홍차'라고 쓰여 있는 간판이 있습니다. 옛날에는 홍차도 대대적으로 취급했던 건지도 모르겠어요. 그 자취가 남은 것인지, 지금도 홍차를 조금씩이나마 취급하고 있습니다. 옛날식 그대로 세로쓰기해 일본 종이에 인쇄한 가격표를 보면 맛차·교쿠로·센차·반차 등이 나오는 맨 끝에 홍차도 쓰여 있는 경우가 있습니다.

　시아버지 마사오 님도 데릴사위로 이 집안 사람이 되었습니다. 차를 좋아해 가게에 자주 얼굴을 내밀던 시아버지를 할아버지와 증조할아버지가 눈여겨보다가, 집안의 자매 중 동생과 혼인시켜 데릴사위로 맞이했다고 합니다. 상업회사에 다니던 샐러리맨의 넷째 아들로 도쿄에서 태어나고 자란 시아버지는 대학에서 화학을 전공했으니, 전문 분야가 완전히 달랐던 사람이었어요. 시아버지가 길고 긴 하숙 생활 중에 썼던 용돈 기입장이 아직 집안에 남아 있습니다. 돼지띠답게 저돌적으로 뚫고 달려가는 성향으로[17] 이런저런 시행착오를 반복하며 지금의 우리 가게를 이루는 기반을 다지셨습니다. 이과계였던 만큼 기계에도 강해, 차를 블렌드하는 기계도 직접 개량한 결과 지금까지도 시아버지가 고안한 원리로 작동하는 기계를 쓰고 있습니다. 차를 100그램 단위로 포장하기 시작한 것도 시아버

17　'저돌적이다'에서 '저'는 멧돼지를 뜻하는 한자인데, 일본에서는 십이지 중 우리의 '돼지'에 해당하는 것이 돼지가 아니라 '멧돼지'이다.

지셨어요. 그야 이 무렵에는 한 근 단위로 팔지는 않았지만 200그램이나 400그램씩 포장하는 것이 보편적이던 시절에 고객들의 편이와 품질 유지 향상이라는 관점에서 100그램 단위 포장을 고안해 판매하기 시작하셨다지요. 업계 선배들 사이에서는 빈축깨나 샀다고, 시어머니가 몇 번이나 말씀하셨어요. 지금은 그 100그램씩 포장된 차들이 당연한 듯이 가게 앞에 줄지어 놓여 있는데 말이지요.

오랫동안 가게를 운영해오면서 각 시대에 맞춰 창의력을 발휘하고 다양한 고민들을 해온 결과가 쌓여왔습니다. 지금의 시대에 가게를 물려받아 계속해나가고 있는 우리들 또한 조상들을 본받아 지혜를 더욱더 짜내며 노력해야 한다고 다짐해봅니다.

다방 '가모쿠(嘉木)'

산인 지방에서 의사로 일하셨던 친정아버지는 맛차를 좋아하셔서, 환자를 보는 사이사이 시간에 집에 들를 때마다 어머니가 만들어주시는 연한 차를 즐겨 마시곤 하셨어요. 저도 집에서 맛차를 종종 마시긴 했지만 차에 대해서는 아무것도 몰랐는데 이렇게 교토의 유서 깊은 차 가게에 시집을 오게 되었네요.

남편은 학생 시절 도쿄에서 하숙하면서도 규스를 챙겨가 매일 아침마다 직접 센차를 우렸다고 해요. 그래서 매일 아침 식사가 끝나면 센차를 마시려는 하숙생들이 남편 방으로 모여들었다고요.

결혼하고 첫 3년간은 도쿄에서 살았는데, 그때 남편에게 센차 우리는 방법을 배우긴 했지만 갑자기 교토에서 시아버지가 올라오시거나 하면 식은땀이 났던 기억이 있습니다. 왠지 모르겠지만 '다른 때는 몰라도 지금만큼은 정말 잘해야 해!' 싶어지는 순간에 꼭 차가 너무 진해지거나 연해지는 등 마음대로 되질 않더라고요. 설명서를 읽고 그대로 했는데도 어느새 떫은 맛이 강해지기도 하고 말이지요. 알맞게 우리는 법을 완전히 익히기까지는 시간이 걸렸습니다.

차의 맛을 결정하는 요인으로 찻잎의 질은 물론이거니와 찻잎의 양, 뜨거운 물의 온도, 뜨거운 물의 양, 우리는 시간 이렇게 네 가지를 들 수 있습니다. 네 가지의 조합 결과는 천차만별로 달라지므로, 똑같은 찻잎을 써도 어떻게 우리냐에 따라 풍미가 달라진다는 사실은 결코 놀라운 일이 아닙니다. 그렇지만 네 가지 요인을 조절하는 방법과 기준을 알고 익히고 나면 맛있는 차를 우리는 것도 그리 어렵지 않게 된답니다.

그러나 한 가지 고백하자면 우리가 자신 있게 선택한 차를 판매하면서도 그것을 손님들이 정말 맛있게 드시는지 그렇지 않은지는 사실 잘 모르고 있었어요.

손님들이 차를 더 맛있게, 더 부담 없이 즐길 수 있도록 차 본연의 맛과 우리는 방법 등을 전해주는 공간을 만들 수는 없을까. 저 자신의 경험에서 그러한 고민이 생겨났습니다. 그리하여 처음으로 가게 안에 다방을 지은 것이 지금으로부터 20년 전인 헤이세이 7년(1995년) 봄이었지요. 당시 교토 시내에서 일본차를 마실 수 있는 카페란 극도로 한정적이었고, 가끔 호텔에서 제공하는 메뉴에 맛차가 포함되어 있는 경우가 있었지만 이는 기모노를 입은 여성이 서비스해주는 매우 비싼 것이었습니다.

　　새롭게 시작한 우리 다방에서는 손님이 직접 차를 우려서 마신다는 것이 기본 원칙으로, 교쿠로나 센차 같은 경우 한 번 우릴 정도의 찻잎을 담은 규스와 찻잔을 쟁반에 얹어 내고 별도로 뜨거운 물을 넣은 포트를 준비해드립니다. 맛차라면 차선과 맛차 다완을 드리면 손님이 직접 우려서 마십니다. 차를 우리는 방법을 모르는 분들께는 우리 직원이 간단히 설명을 해드립니다. 표준적으로 넣는 찻잎의 양, 뜨거운 물의 양을 추천해드리고 탁자에 놓여 있는 시계를 보면서 시간을 잴 수 있게 해드리지요.

다방에 오시는 손님들은 함께 온 친구와 서로 다른 차를 주문해 맛을 보기도 하고, 두 번 세 번 우려서 맛을 보시기도 하면서, 각자 마음에 드는 차를 중심으로 여유로운 시간을 누리고자 이 공간을 찾아주신답니다.

⌖

우리 부부는 쇼와 57년(1982년)에 교토로 내려왔는데, 그때까지만 해도 차를 캔에 담은 음료는 아직 발매되기 전이었습니다. 지금도 그렇지만 차란 국숫집이나 스시 집에서 내어주는 공짜로 계속 마실 수 있는 음료와 같지요. 쇼와 60년(1985년) 무렵 캔에 든 녹차 음료가 시중에 나오기 시작했을 때 남편은 "이제야 일본차도 돈을 주고 사 먹는 시대가 왔네." 하고 반쯤 비꼬듯이 이야기했습니다.

페트병에 든 차는 금세 사람들의 생활 깊숙이 들어가 자연스러운 존재가 되었습니다. 차를 규스에 우리는 것도, 차를 마신 뒤에 솥을 씻고 하는 것도 번거롭다 싶은 분들에게 페트병차는 그야말로 편리한 것이지요. 그러나 물을 끓이고 차를 우리는 순간 비로소 누릴 수 있는 여유로운 시간, 그때그때 달라지는 풍미, 차 본연의 맛은 페트병 차로는 느낄 수 없습니다.

인류가 차를 마시기 시작한 역사는 4천여 년 전부터라고 하지요. 세상에 있는 수많은 식물들 중에서 차나무의 잎이 식용으로 적당하다는 점을 발견한 사람은 누구일까요. 중국 당나라 시대였던 서기 760년경에 육우라는 사람이 세계 최초로 차에 대해 쓴 책 『다경(茶經)』에는 차를 만드는 방법과 마시는 방법이 기록되어 있습니다. 그 책에 의하면 차의 원산지는 중국 남부, 지금의 쓰촨성에서 미얀마에 이르는 지역이라고 합니다.

일본에 차가 전해진 것은 1191년 에이사이 선사가 남송에서 임제종과 함께 차 열매를 들여오면서 차나무의 재배 방법과 맛차의 음용 방법도 함께 도입한 것이 시초라 전해집니다. 그보다 훨씬 전인 806년에 고보(弘法)대사가 당나라로부터 들여왔다는 설도 있고, 시코쿠와 규슈 지방에는 야생 차나무가 자생했다고도 전해집니다. 가마쿠라 시대 이후 맛차를 마실 수 있게 되었는데, 처음에는 선승들이 수행할 때 잠을 깨워주는 음료로 약용되다가 무사들 사이에도 널리 퍼졌습니다. 이윽고 차의 산지를 맞추는 놀이였던 '투차'가 성행하던 시기를 거치며 차를 우리는 동작 등이 하나의 예법으로 자리를 잡기 시작해 오랜 시간에 거쳐 '다도'가 확립되었습니다.

지금은 맛차보다 훨씬 많은 사람들이 마시고 있는 센차의 제조법은 에도 시대 중엽인 1738년경에 확립되었습니다. 그때로부터 다시 100년이 지난 후인 1835년경에야 맛차용으로 재배한 차밭의 찻잎을 센차식 제조법으로 만들어낸 교쿠로가 선을 보였다고 하고요. 반차는 아마도 가마쿠라 시대에 맛차가 들어오면서부터, 하급 차로 마시게 된 것이 아닐까 생각합니다.

차가 식용으로 적당하다는 것을 발견해준 사람, 다양한 제조법과 음용 방법을 만들어낸 많은 사람들 덕분에 지금 우리들은 차를 즐길 수 있습니다. 우리 가게의 다방 '가모쿠'는 그 감사의 마음을 담아 『다경』책의 서두에 나오는 "茶者南方之嘉木也"[18]라는 구절에서 '아름다운 나무'를 뜻하는 가목(嘉木)을 따와 붙인 이름입니다.

---

18 다자남방지가목야, 차라는 것은 남쪽 지방의 아름다운 나무로다.

시어머니

"아침에 딴 오이가 들어왔지.", "이제 가미가모[19] 토마토는 끝물이야." 채소가게 주인아저씨가 때때로 알려주시는 이야기들입니다.

동네에서 오랫동안 장사를 해오신 이웃 분들과 몇 마디 인사를 주고받다가 계절이 바뀌고 있음을 실감할 때가 있습니다. 노지(露地) 재배한 제철 가지와 토마토, 완두콩 등의 신선한 맛은 근처에 많이 들어선 슈퍼마켓에서 파는 상품과는 정말 비교가 안 되게 좋아요. 교토는 시내에서 조금만 나가도 여기저기

---

19 교토 북부 지역, 세계문화유산인 가미가모 신사가 있는 것으로 유명하다.

에 밭들이 펼쳐져 있습니다. 그 지방 농가에서 재배한 채소가 수확한 바로 그날 아침부터 가게 앞에 나오고, 맛있게 요리하는 방법과 먹는 방법에 대한 설명도 같이 얻을 수 있다니 이야말로 근처 채소가게에서만 누릴 수 있는 사치입니다.

옛날 교토에서 장사를 하던 사람들 사이에서는 매달 1일과 15일은 팥밥, 숫자 8이 들어간 날은 대황과 유부를 삶고 월말에는 비지를 볶아 먹는 등 날짜에 따라 정해놓은 것들이 있었답니다.

다이쇼 14년(1925년)에 이 집에서 태어난 시어머니가 어렸던 시절에는 가족끼리만 지낸 것이 아니라 가게 총무도 있고 이 집에서 숙식하며 일하던 견습생들도 여럿 있어서, '오나고시상'이라 부르던 여직원 분들이 중심이 되어 식사 준비를 하고, 다 같이 모여서 식사를 했다고 해요. "이 정도로 컸어." 하고 양팔을 둥글게 구부려 보여주신 크기의 커다란 냄비에 가지나 청어를 조리면 그렇게 맛이 좋을 수가 없었다고, 시어머니는 과거를 추억하며 이야기해주셨어요. "음식은 한 번에 엄청 많은 양을 만드는 게 역시 맛있었지." 그렇게 옛날이야기가 이어지다 보면 마지막에는 반드시 커다란 솥에 지은 밥 이야기가 나왔어요.

"지금처럼 말이야, 누구라도 한잔하고 싶을 때는 언제든지 술을 마실 수 있는 시절이 아니었어……" 하고 시어머니는 말을 잇습니다. '한 병 곁들이는' 건 특별한 날만이었다고요. 헛간 (창고) 쪽 일을 하는 분들 같은 경우에는 숫자 5가 들어간 날, 하는 식으로 특별히 정해진 어떤 날에 식사를 할 때 술 한 병을 곁들일 수 있었다고 합니다. "수고했다는 일종의 격려였던 거겠지." 하고, 어렸을 때는 의아하게 보았지만 지금은 그렇게 확신한다는 투로 이야기하셨지요.

엽차를 갈아서 맛차를 만들 때 사용하는 맷돌은 정기적으로 갈아주어 돌의 홈을 다듬어주어야 합니다. 당시에 전국을 돌아다니며 그 일을 했던 '칼갈이'라고 부르는 사람들이 이 근처에 묵으며 우리 가게에도 와서 돌을 갈아주고 나면, 그 사람에게도 반드시 마지막에 술 한 병을 냈다고 해요.

또 한 명, '분뇨를 치는' 아저씨에 대해서도 자주 이야기하셨어요. 그 아저씨가 오셔서 일을 끝내고 나면 꼭 술 한 병을 냈다고요. 그 아저씨 전용으로 차리는 밥상도 다 따로 있어서 여직원이 꼭 닫아둔 선반에서 술을 꺼내어 밥상을 차리면 정말로 맛있게 반주를 하셨다고, 지금도 그 얼굴이 선명하게 기억난다고 하셨지요. 교토 시내는 하수 설비가 비교적 일찍 갖춰지면서 수세식 화장실도 일찍 들어왔기에, 이 이야기는 시어머니가 초등학교 고학년 정도였을 때까지만 해당되는 것이려니 싶긴 하지만요.

당시 이 가게의 주인은 시어머니의 할아버지였던 다쓰자부로 님이었습니다. 메이지 초엽에 이 집에 견습생으로 들어왔다가, 집안사람들의 눈에 들어 이 집의 딸과 결혼해 주인이 되었지요. 집안의 제일 윗사람이었기에 매 끼니마다 밥상도 식기도 식단도 전부 별도로 준비했답니다.

지금이야 가게 종업원과 우리 가족이 평소 식사를 같이 하는 일이 없지만, 가게와 주거 공간이 같은 건물인 것은 옛날과 다르지 않기에 남편은 점심때 가게에서 일단 집으로 옵니다.

곤약과 유부를 잘게 썰어 익힌 것, 삼각으로 자른 판(板)곤약, 언두부와 인삼을 익혀 곁들인 것, 유부 무말랭이나 톳 조림 같은 '오반자이'[20]에 구운 건어물 약간과 된장국 그리고 밥. 이

---

20 교토의 전통적인 서민 음식을 가리키는 말로, 일상의 반찬을 뜻한다.

렇게 간단한 식단으로 먹을 때가 많아요. 최근에는 나이를 먹은 탓인지 남편도 이렇게 먹는 것이 마음 편하다고 하네요.

무나 순무를 바짝 조려 맛이 배게 하는 것은 시어머니가 하시는 것을 옆에서 보다가 자연스럽게 배웠는데, 이제는 완전히 손에 익었습니다. 그냥 불 위에 오래 두는 것이 아니라, 살짝 익힌 다음 잠시 그대로 놓아두면 식으면서 맛이 배어드는 것이랍니다. 정말로 시간이 없을 때는 냄비를 들고 우물가로 달려가 찬 우물물에 냄비째 담가 식힙니다. 이것은 요릿집 주인 분께서 귀띔해주신 요령이에요.

시어머니가 자라 여학교에 들어갔을 무렵부터는 점차 정세가 암울해지던 때라, 멋을 내는 것도 마음대로 되지 않는 여학생 시절을 보내게 되었습니다. 불과 네 살 위의 언니는 화려한 청춘을 보내고 있었건만 그와 달리 "우리는 몸뻬 같은 것만 입었다니까." 하고 아쉽다는 듯이 이야기하셨어요. 그러는 동안 견습생들에게 하나둘씩 군대 소집영장이 날아와 전쟁터로

나갔다지요.

쇼와 18년(1943년) 가게의 가격표를 살펴보면 '공정가격'이라는 단어가 보이는데, 교토 시내의 모든 차 가게에서 파는 차는 모두 다업조합에서 정한 이름과 가격을 따랐음을 알 수 있습니다. 또 맛차를 굳혀 알약 형태로 만든 것을 군대에 영양보조식품으로 납품하기도 했습니다. 어쨌든 느긋하게 차를 즐길 만한 시대적 상황이 아니었다는 것은 분명하지요.

교토는 큰 공습 없이 마을이 그대로 살아남았지만, 그렇다고는 해도 전쟁 후에 장사를 계속한다는 것은 굉장히 쉽지 않았을 거라 생각해요. 전쟁터에 나갔던 견습생들 중에 다섯 명은 끝까지 돌아오지 않았지만 그래도 한 명씩 가게로 돌아와, 미약하게나마 가게를 계속해나갈 수 있지 않았을까 생각해봅니다.

'구두쇠'라는 말이 있지요. 엄밀히 말해 교토에서는 불필요한 것을 줄이며 절약하는 모습을 미덕으로 여겨 '알뜰하다'는 말로 표현합니다. 모든 것이 부족한 전쟁 중의 생활을 몸소 경험한 시어머니의 생활 방식을 곁에서 봐오면서, 물건을 소중히 여기는 태도에 언제나 감동을 받곤 했습니다. 더 많은 이야기를 들어두었으면 좋았을걸 하고 늘 생각해요. 시어머니는 헤이세이 23년(2011년) 9월 21일에 눈을 감으셨습니다.

만년에 어머니가 홀로 지내셨던 안채를 정리하다 보니, 우편함에 날아온 전단 봉투들이 한쪽에 가지런히 정리되어 놓여 있는 것이 눈에 띄었습니다. 시어머니의 부탁으로 근처에 장을 보러 갈 때면 신문에 삽입되어 있는 광고지 뒷면에 메모를 써서 주시면서, 미리 준비해둔 이 봉투에 장 볼 돈을 담아서 건네주시곤 했습니다. 기모노를 입을 때면 띠와 띠 끈의 색깔을 어떤 식으로 조합해야 할지 시어머니께 여쭤보곤 했었는데 이제는 물어볼 수 없게 되었다니, 마음 한편이 너무도 허합니다.

달고 시원한 그린티

똑같은 요리를 해도 간토(관동) 지방은 간을 세게 하는 반면 간사이(관서) 지방은 간을 약하게 하는 식으로, 지역마다 음식의 마지막 마무리를 어떻게 하느냐도 차이가 납니다. 또 지역적인 차이만 있는 것이 아니라 각 집에 따라서도 나름대로 내는 독특한 맛이 있지요. 어린 시절 학교에서 점심 도시락을 먹을 때 친구와 서로 반찬을 바꿔서 먹어보면서 그런 느낌을 받은 적이 있습니다. 엄마 아빠의 출신지 같은 것들이 미묘하게 합쳐져 각 집만의 '엄마의 맛'이 만들어지고 전해지는 것이겠지요.

우리 며느리는 간토 지방에서 자랐는데, 우리 아들에게서

"'말도 안 돼!'라고 한 소리를 들었어요." 하고 슬며시 일러준 이야기가 있어요. 도시락에 싸준 달걀말이가 원인이었다네요. 달걀물에 설탕을 넣어 단맛을 내고 두툼하게 만 달걀말이를 싸줬답니다. 그러고 보니 산인 지방에 사는 우리 친정어머니가 만드는 달걀말이에도 설탕이 조금 들어갔어요. 거기다 매일 바쁘게 보내는 어머니가 센 불에 허둥지둥 만들었던 것인지, 매번 조금씩 탄 달걀말이였지요. 그런데 교토에 있는 시댁의 달걀말이는 달걀, 육수, 소금, 국간장이 들어가며 여기에 미림을 살짝 넣을까 말까 한 것이더군요. 저도 막 결혼했을 때 남편에게서 똑같은 소리를 듣고서 시어머니께 달걀말이를 어떻게 만드는지 배웠던 기억이 떠올라 어딘가 그리운 기분이 들었습니다.

맛차 이야기를 해볼까요. 맛차는 센차처럼 찻잎을 물에 담가 그 우려낸 물을 마시는 것이 아니라 맷돌로 곱게 간 찻잎을 그대로 뜨거운 물에 섞어 마시는 것입니다. 센차 산지는 전국 각지에 분포되어 있지만, 맛차의 원료가 되는 찻잎인 덴차는 예로부터 교토의 우지 시에서 많이 생산되어 왔습니다. 에도 시대에는 쇼군과 각 다이묘 집안에서 마시는 맛차를 우지에서 독점적으로 생산했으며 제조법도 다른 지역에 새어나가지 않도록 비밀에 부쳤다고 합니다.

그러한 역사적 배경 때문인지, '맛차'라는 단어와 '우지'라는 단어는 사람들의 머릿속에서 굉장히 끈끈하게 연결되어 있는 것 같다는 생각을 합니다. 팥빙수에 녹색 토핑을 올린 것을 '우지킨토키'[21]라고 부르지요. 이름에 '우지' 글자가 들어가기만 해도, 입안에 퍼지는 차가운 얼음과 팥의 단맛을 부드럽게 감싸는 맛차의 풍미를 연상하게 됩니다. 최근에는 '우지킨토키' 외에도 카스텔라며 마카롱, 롤케이크, 아이스크림, 초콜릿에 이르기까지 맛차 풍미를 입힌 제품이 많이 나오고 있습니다. 아이들이나 젊은 사람들 중에는 이런 맛차 풍미의 과자를 먹으면서 처음으로 '맛차'라는 이름을 알게 된 분이 많을지도 모르겠어요. 혀를 직접적으로 자극하는 단맛을 맛차의 풍미가 은은하게 감싸주는 점이 인기의 비결일까요.

---

21 '킨토키(金時)'는 '킨토키아즈키(金時小豆)'라는 팥의 줄임말이다.

그런데 안타깝게도, 그렇게 접하게 된 맛차를 부담 없이 일상생활에서 음료로 즐기는 데까지 옮겨가보는 분들은 극히 드문 것 같아요. 이 맛차의 즐거움을 많은 분들에게 전해야 하는데, 하고 남편은 입버릇처럼 말한답니다.

지금은 맛차를 캔이나 자루에 담아서 파는 것이 당연한 것이 되었습니다. 그렇지만 앞에서도 언급했듯이 우리 가게의 옛날 가격표를 보면 메이지부터 다이쇼, 전쟁 전의 쇼와 시대까지 맛차의 바로 전 단계 즉 덴차(엽차) 상태로 파는 것이 표준이었고, 갈아서 팔 경우에는 가는 비용을 별도로 받았습니다. 손님들은 엽차를 집에서 직접 맷돌로 갈아서 마셨다고 해요. 캔에 담은 맛차가 상품으로 나오기 시작한 것은 쇼와 초기였다고 합니다.

쇼와 11년(1936년)에 작성된 우리 가게의 가격표를 보면 '우지 맑은 물(宇治淸水)'이라는 상품이 처음 등장합니다. '설탕을 첨가해 가정에서 마시기 좋은 음료'라는 설명이 붙어 있는데, 가게 총무가 고안해낸 신상품이었습니다. 지금처럼 냉방 시설이 잘 되어 있지 않던 옛날, 여름철이면 뜨거운 물을 끓여서 마셔야 하는 차는 인기가 없었고 덩달아 차 가게들도 파리 날리곤 했지요. 이 계절에 무언가 팔 만한 것을 만들어야 했기에, 맛차에 그래뉴당을 첨가한 '우지 맑은 물'을 고안해내기에 이른 것입니다. 당시 가게 주인(남편의 증조할아버지)의 눈을 피해가며 여러 번 실험을 거듭한 끝에 나온 상품을, 주인에게 알릴 수는 없었으니 가게에서 팔지는 못하고 서양식 식품을 취급하는 '메이지야' 상점에 부탁해 판매한 것이 시작이었다고 해요. 처음 나왔을 때 반응이 어떠했는지는 모르지만, 몇 년이 지난 후에 가격표에 기록되어 있는 것으로 보아서는 가게 주인과 세상 사람들에게 받아들여진 것이겠지요. 이것을 생각해낸 총무에게도, 가게에 내놓고 팔 수 있게 허락한 가게 주인에게도 상당한 용기가 필요한 일이었을 것입니다. 요즘은 녹차를 뜻하는 영어 단어 '그린티'가 이 설탕을 넣은 맛차 음료를 가리키는 단어처럼 되었습니다.

맛차에 그래뉴당을 섞어서 분쇄하면 흰색을 띠는 연녹색 가루가 됩니다. 여기에 물을 붓는 순간 색이 선명한 녹색으로 변하는 것은 찻잎 자체인 맛차는 물에 녹지 않는 반면 그래뉴당은 물에 녹기 때문입니다. 대략 1인분당 찻숟가락으로 수북하게 2~3숟갈 떠서 넣는 것이 기준입니다. 찬물에 녹이고 얼음을 동동 띄워도 좋은데, 우리는 기계를 이용해 이것을 셔벗으로 만들어 가게를 방문하시는 손님들께 내곤 합니다. 사각사각한 식감과 시원함, 전체적으로 도는 단맛과 싱그러운 초록색이 절로 시원한 느낌을 줍니다.

집에서 과일 셔벗을 만들 때처럼, 간단히 냉동실에 얼린 다음 숟가락으로 긁어도 이와 비슷하게 만들어집니다. 보기에도 시원한 유리그릇이나 와인잔 같은 데에 담아서 먹으면 분위기도 근사하지요. 어린아이에게는 '우지 맑은 물'을 차가운 우유에 녹여서 주는 것을 추천해드리기도 합니다. 예전에 아들이 보이스카우트 활동으로 미국에 캠핑을 갔을 때 야외에서 이걸 쉽게 잔뜩 만들었더니 일본적이면서도 달콤한 맛에 먹기 좋은 '우지 맑은 물'이 친구들 사이에서 굉장한 인기를 끌었던 것이 기억나네요.

그렇지만 요즘에는 단맛이라면 극도로 꺼리는 분들도 있지요. 그런 분들에게는 여름철, 일반 맛차를 찬물에 우려서 드립니다. 약간의 수고만 하면 되는데, 맛차를 차 거름망에 한 번 내려준 다음 냉장고에 넣어둔 찬물을 붓고 차선으로 삭삭 저어주면 잘 녹아듭니다. 얼음 한 조각을 넣어주면 더욱 좋아요. 찬물에 우린 맛차는 뜨거운 물에 우린 맛차와는 또 달라서 쌉쌀한 떫은맛 없이 녹차의 감칠맛만 나고, 거기에다 그토록 아름다운 녹색이라니 정말로 시원하게 마실 수 있는 음료입니다. 설탕이 들어간 달걀말이를 좋아하지 않는 우리 남편과 아들도, 여름철에는 찬물에 우린 맛차 쪽을 좋아한답니다.

고소한 차

　노릇노릇하게 구운 떡과 센베이, 잘 볶은 깨를 절구로 빻는 순간 등에서 맡을 수 있는 말로 다하기 어려운 고소한 향은 절로 식욕을 돋웁니다. 와인 풍미를 묘사할 때 '견과류 같은 고소함'이라고 표현하기도 하고, 볶은 커피콩에서 나는 향에서도 왠지 모르게 그 안에 푹 잠기고 싶어지는 형언하기 힘든 매력이 있어 역시 동서양을 불문하고 많은 사람이 이 '고소함'에 매료되어온 게 아닐까 생각해요.

　그렇지만 향에 대한 호불호는 사람마다 제각각입니다. 제가 어렸을 때 살았던 산인 지방의 시골 마을에는 차를 덖는 기계를 가게 앞에 내놓고 마치 간판을 내놓듯이 항상 차를 덖는 향을 풍기던 차 가게가 있었습니다. 어린 저는 오히려 그 강한 향과 연기가 싫어서, 그 가게 앞을 지날 때만큼은 숨을 참고 뛰어서 지나쳤던 것이 지금도 생생히 기억나요.

몇 년 전까지 집에서 래브라도 리트리버 종의 강아지 '웬디'를 키웠습니다. 13여 년간 우리 가족과 함께 살았던 아이예요. 우리 가게와 주거 공간이 붙어 있기는 하지만, 주거 공간은 건물 5층이었기에 웬디가 가게에 내려오거나 제복을 입은 직원들과 만나는 일은 일절 없었습니다. 건물에 드나들 때도 별도의 입구로 다니게 하고 자택 외부 계단에 개집을 놓아두어, 날씨가 좋은 날에는 옥상에 올라가 벌렁 드러누워 지내고 비가 오면 계단에 있는 집에 들어가 지냈습니다.

아침저녁으로 그 아이를 데리고 가모 강이며 고세 시 근방을 산책하는 것이 우리 가족의 즐거운 하루 일과였지요. 낮에는 사람을 만날 일이 좀처럼 없다 보니 엘리베이터 점검원, 전기 검침원, 굴뚝 청소부 같은 사람들이 옥상에 올라오면 그저 좋아서 신나게 뛰어다니곤 했습니다.

웬디는 옥상에서 새들이 날아와도 짖지 않고 천둥도 무서워하지 않는, 무사태평하고 온화한 아이였는데 날씨가 아무리 좋아도 집에 틀어박혀서 나오지 않는 날이 있었습니다. 바로 호지차실에서 찻잎을 덖는 작업을 하는 날이었어요. 호지차의 연기 때문에 힘들었던 것인지, 아니면 어렸을 때의 저처럼 강한 향이 자극적이라 싫었던 것인지 모르겠어요. "미안해요, 들어가보겠습니다." 하고 말은 안 했지만 그때만큼은 눈을 힘없이 슴벅이며 코를 완전히 막듯이 온몸을 둥글게 웅크리고 누운 모양새가 안됐다 싶기도 하면서 어찌나 사랑스러웠는지 지금도 눈에 선합니다.

호지차는 녹색 찻잎을 솥에 넣고 시간을 들여 찬찬히 가열해 만듭니다. 센차 차밭에서 조금 크게 자란 찻잎이 호지차의 원료가 되는데, 그 자체로도 가볍고 산뜻한 풍미를 즐길 수 있습니다. 찻잎의 모양이 버드나무 잎을 연상하게 해서인지 '야나기(버드나무)'라는 이름으로 가게에 진열되어 있지요. 가격도 적당해 부담 없이 즐기기에 안성맞춤인 차입니다. 볶은 현미와 섞으면 '현미차'가 되고요.

이 '야나기'를 덖어서 호지차를 만듭니다. 물론 센차를 가지고도 호지차를 만들 수는 있으나, 그 정도 등급의 센차에서만 느낄 수 있는 품질을 호지차로는 살릴 수 없기 때문에 아무래도 아까워지는 겁니다. 반대로 손님 쪽에서 "선물로 받았는데 아까워서 잘 넣어두었다가 유통기한이 지나버린 센차를 최근에 발견했는데요, 마실 수 있을까요?" 하고 문의해올 때 "그대로 마셔서는 센차 본연의 풍미를 더 이상 즐기기 어렵지만, 한 번 덖으면 호지차로 충분히 마실 수 있어요" 하고 안내해드리기도 합니다.

그럴 때는 프라이팬이나 냄비에 차를 한 번 마실 양만큼 넣고 약불에 찬찬히 볶아주기만 하면 됩니다. 자칫하다간 금방 타서 '꼬임'이 풀려버리므로, 찻잎 색깔이 변하는 것을 유심히 살펴보면서 볶는 것이 핵심입니다. 찻잎에 서서히 열을 가하면 먼저 찻잎 자체의 방향이 피어오르고, 여기에 찻잎이 조금씩 연갈색으로 눌으면서 고소한 향이 더해져 말로 표현하기 힘든 좋은 향을 맡을 수 있습니다.

차가 일본에 들어오게 된 것은 헤이안 시대 초기에 견당사가 중국에서 가지고 온 것이 시작이라 합니다. 제조 방법과 음용 방법 모두 지금과는 상당히 다른 차였는데, 일본어로 '차색(茶色)'이 갈색(brown)을 나타내는 것으로 보아 당시의 차는 갈색이었던 것 같아요. 가마쿠라 막부 시대 초기 에이사이 선사가 들여온 것이 바로 맛차였습니다. 맛차 제조 방법이 지금과 크게 다르지 않았다고 한다면 지금만큼 선명한 색은 아닐지언정 초록색 차였을 거예요.

그리고 맛차로 만들 수 없는 찻잎은 가공해서 저장했다가 서민들에게도 조금씩 퍼지게 된 것이 아닐까요. 오래 보존해둔 찻잎을 맛있게 마실 수 있는 방법을 찾아 여러 사람이 고심에 고심을 거듭한 끝에 '호지차'가 만들어진 거라고 생각해요.

몇 년 전에 우리 가게는 공장을 신축하면서 호지차실에도 새 설비를 들였습니다. 무엇보다 호지차 연기로 주변에 민폐를 끼치지 않도록 필터를 여러 중으로 설치해 연기가 건물 밖으로 나가지 않게 신경을 썼습니다. 그렇게 해도 냄새는 어떻게든 옥상을 통해 밖으로 빠져나가서, 바람이 강한 날이면 꽤 멀리까지도 날아가는 모양이에요. 생각지도 못한 분에게서 늘 좋은 향이 나서 기분 좋아요, 하는 말을 듣고 깜짝 놀란 적이 있습니다.

차 덖는 기계에 찻잎이 자동으로 투입되고 솥 안 온도가 디지털로 표시되는 등 예전에 비하면 작업에 드는 시간과 노력이 상당히 줄어들었지만 불 조절만은 온전히 작업 담당자의 눈에 달려 있습니다. 표준 견본용 찻잎을 옆에 두고 계속 비교해 보면서 부지런히 불을 껐다가 켜기를 반복합니다. 이렇게 해서 만들어진 차는 반드시 그때그때 시음 검사를 해 향기와 맛, 색 등을 확인합니다.

'야나기'의 줄기 부분만 모아서 덖은 '구키호지차'도 있는데, 줄기 특유의 단맛이 진하게 나는 것이 특징입니다. 또 덖는 작업을 하는 과정에서 나온 가루를 모은 '호지가루차'는 보기엔 그저 잎을 분쇄한 가루 같지만 잎과 줄기의 맛을 충분히 즐길 수 있으면서 구하기도 쉬운 가성비가 좋은 차입니다.

호지차를 우리는 방법은 간단합니다. 끓인 물을 식히는 과정 없이, 끓인 다음 그대로 쓰면 됩니다. 좋은 향이 은은하게 퍼집니다. 찻잎에 뜨거운 물을 부은 다음 30초를 기준으로 우려 주세요. 이렇게 하면 두 번, 세 번까지 우려서 마실 수 있습니다.

더운 여름철에는 커다란 주전자를 이용하는데, 주전자 크기에 따라 달라지기는 하지만 찻잎 한 줌 정도를 넣으면 한 번에 매우 많은 양의 차를 만들 수 있습니다. 찻잎을 뜨거운 물에 계속 담가놓으면 맛도 진해지고 씁쓸해지므로, 잠시 두었다가 다른 용기에 옮겨두고 차를 마셔주세요. 잔열이 식은 차를 냉장고에 넣어 차갑게 보관해두면 좋아요. 차가운 호지차를 물병에 담아 야외에서 마시는 것이 여름철 수분 보충에는 최고입니다.

티, 차이, 차

10년쯤 전에 프랑스 파리, 독일 쾰른, 이탈리아의 로마, 알자스 지방의 콜마르 이렇게 네 도시에서 현지 분들을 대상으로 '일본차 교실'을 연 적이 있습니다. 음식 관련 서적의 편집자로 파리에 거주하고 있던 일본인 여성의 제안으로, 주로 각 도시에 있는 일본문화회관 등지를 빌리고 국제교류기금 소속의 현지 직원들의 도움을 받아 개최할 수 있었습니다.

찻잎과 규스, 차선 같은 다구들은 사전에 항공편으로 개최 장소에 보내놓았지만, 제때 무사히 도착할지 어떨지도 굉장히 불안했어요. 잘 도착했다는 연락을 끝까지 받지 못한 상태로 만약을 대비해 찻잎과 규스 같은 것들을 수하물 속에 챙겨가지고 출발했습니다. 우리 부부와 직원 두 명, 총 넷이서 무슨 유랑 극단 같은 느낌으로 떠났네요.

현지에 도착하자마자 먼저 발송한 짐을 확인하고, 회장을 답사하고, 당일 오실 참가자 분들의 동선 등을 고려해 구역을 나누고, 물을 쓰는 곳과 물을 끓이고 식히는 과정 등을 체크합니다. 연수인 미네랄워터도 사전에 준비해두어야 해요. 그다음 회장 내 컴퓨터를 확인하고, 통역해주시는 분과도 리허설을 하며 맞춰봅니다.

이렇게 해서 당일 행사를 마치면 바로 정리해 일본으로 돌려보낼 것과 다음 회장에 가지고 갈 것을 나누어 짐을 싸고, 현장에서 많이 도와준 직원들과 아쉬움을 나누며 이별하고서 다음 도시로 이동하는 생활의 반복이었습니다. 교토에서 가져온 화과자와 현지에서 일본차와 잘 어울릴 만한 과자들을 추천한 것도 좋은 반응을 얻었어요.

제한된 시간 안에 통역을 거쳐 일본차에 대해 설명하면서 각종 차를 종류별로 시음까지 하려면 여러 방안을 강구해야 합니다. 웰컴 드링크로는 뜨거운 호지차를 종이컵에 담아서 놓고, 교쿠로는 찬물에 미리 우려둔 다음, 규스로 센차를 우리는 과정과 맛차를 차선으로 저으며 우리는 과정을 참가자들이 실제로 그 자리에서 볼 수 있게 했습니다.

회장마다 수용 인원과 설비 상태가 제각각이었기에 강연과 시음 구성을 짜는 일은 상당히 어려웠지만 어느 회장이든 와주신 분들이 만족을 얻어가셨기에 비로소 마음을 놓았습니다.

이 경험 덕분에 2010년 10월 말에 터키에서 일본차 관련 행사를 해보지 않겠느냐는 제안이 왔을 때는 한결 가벼운 마음으로 고민해볼 수 있었습니다. 이스탄불과 앙카라 두 도시에서 열리는 일본과 터키 우호 120주년 기념행사 '재패니스크(Japanesque)'에 참여해달라는 요청이었습니다. 가정요리 연구가인 에가와 쿠니코 선생, 향 가게 '쇼에이도(松栄堂)', 그리고 우리 가게 이렇게 셋이 공동으로 현대 일본인의 일상생활 문화를 터키인들에게 소개하는 것이 주된 취지였어요.

터키에는 '차이'라 부르는 홍차를 마시는 문화가 뿌리깊이 자리 잡고 있다기에, 이 '차이'와 '일본차'의 공통점과 차이점을

짚어보면서 설명을 한 후 일본차를 직접 맛볼 수 있게 하자고 계획을 세웠습니다. 그렇지만 '차이'는 상당히 단 음료라는 사실을 알고 나니 설탕을 넣지 않은 일본차를 과연 마셔보려고 할까 등등 이것저것 불안하더군요.

차는 원래 중국 윈난성 부근이 원산지로 차를 마셔온 역사는 사천여 년 이상이다, 육로나 해로를 통해 세계 각지로 전해진 차는 '차', '테', '티' 등 비슷한 음감의 이름으로 불리며 퍼져나갔다, 동일한 '차나무'에서 녹차, 중국차, 홍차가 만들어진다, 찻잎을 딴 후 차로 제조하는 방법의 차이에 따라서 각각 다른 차가 만들어진다, 일본차에는 차밭에 덮개를 씌워 햇빛을 차단해 만드는 '교쿠로'와 '맛차', 햇빛을 그대로 쬐며 만든 '센차'와 '반차' 이렇게 네 종류가 있다 등등의 이야기를 세계지도와 영상을 곁들여가며 설명했습니다.

참가자분들 앞에서 실제로 진행해보니 영상에 나온 일본 센차밭 풍경이 흑해 연안에 있는 터키의 도시 리제의 차밭과 비슷해 보이는 것에 흥미를 드러내기도 하고, 일본차가 건강에 좋은지 또 다이어트에 도움이 되는지 같은 질문도 하며 회장 안은 스스럼없이 화기애애한 분위기로 가득 찼습니다.

시음할 때는 설탕이 필요할지 괜찮을지 하는 긴장 따위 없이 호지차, 찬물에 우린 교쿠로, 맛차, 센차를 각각 그대로 다 맛보아주셨어요. 어떤 차가 제일 마음에 들었는지 질문해보니 각 차마다 몇몇씩 손을 다 들었는데 그중에서 반차가 마음에 들었다는 사람이 가장 많아, 일본의 차 소비량 비율과 동일한 결과가 나왔습니다. 참가자 중에 여성이 많기도 했고, 평소 터키에서도 '차이'에 설탕을 넣지 않고 마시는 사람들도 꽤 되더군요.

교토에서 가져온 참깨 풍미 센베이와 콩 과자(고시키마메)도 잘 드셔주셨어요. 일본차에 어울릴 만한 터키 과자로 고른 것은 '로쿰(Locum, 터키시 딜라이트)'이라고 하는, 터키 여행을 하는 사람이라면 기념품으로 곧잘 살 법한 유명한 과자입니다. 화과자로 치면 '규히(求肥)'와 비슷하게 달콤한 반죽 안에 호두, 피스타치오 등을 넣은 것이지요.

이스탄불에 있을 때는 아침 일찍 일어나 호텔 주변을 산책하곤 했습니다. 밀이 많이 나는 곳이라 그런지 마을 곳곳에 빵집이 있었어요. 아직 어둑한 아침부터 가게 안쪽에서 구워낸

바게트 같은 빵들이 창가에 차례차례 줄지어 놓이는 풍경이 멋졌답니다. 치즈와 요구르트 같은 유제품, 채소, 해산물 등 신선한 식재료를 풍부하게 사용한 터기 특유의 요리들은 정말로 맛있었어요.

시장에 가보면 비단길이 지나갔던 지역임을 실감하게 하듯, 다양한 종류의 열매와 향신료 같은 것들이 온통 널려 있어서 눈이 절로 돌아갑니다. 석류 주스를 짜고 있던 주스 바 옆을 지나갈 때는 저도 모르게 발을 멈추고 주문하고 말았습니다. 차 가게도 있었는데, 홍차가 잔뜩 나열되어 있는 한쪽 구석에 센차나 맛차를 담은 병도 나와 있었습니다. 안을 볼 수 있을까 했더니 뚜껑을 열고 볼 수 있게 해주었는데, 오래되어 질이 떨어져 이미 색도 바래고 향도 거의 다 날아가버린 상태의 찻잎이 들어 있어 안타까웠습니다.

잘게 간 커피 가루와 물을 함께 끓인 다음 가루를 가라앉히고 우러난 커피를 마시는 진한 터키식 커피도 인기가 많지만, 끓여서 만드는 차이는 하루에 몇 잔이고 마실 수 있답니다. 식기 가게에서는 차이 전용 더블 포트가 굉장히 많이 팔리는데, 아래쪽에 있는 포트로 물을 끓이고 그 위에 있는 나머지 포트에 찻잎을 담아 우려낸다고 하더군요. 그 외에 홍차가 너무 진하게 우려졌을 경우 아래쪽 포트에 있는 뜨거운 물을 타 연하게 만들기도 한다고 들었습니다. 호텔에서 아침을 먹을 때 마침 옆자리에서 차이를 마시고 있는 남성이 있어 유심히 살펴봤어요. 찻잔 받침이 있고 손잡이는 따로 없는 유리 소재의 작은 차이 컵에 망설임 하나 없이 각설탕을 두 개 넣고는 스푼으로 빠르게 휘휘 젓자 '차랑차랑'하는 소리가 울렸습니다.

우리가 머물렀던 이스탄불과 앙카라는 모두 터키의 서쪽 지방입니다. 지도를 펼쳐놓고 북동쪽 흑해 연안에 펼쳐져 있는 리제의 차밭을 상상해봅니다. 거기에 있는 차나무 묘목은 애초에 일본에서 들여간 것이라 들었는데, 그 노천 차밭을 언젠가는 꼭 보러 가고 싶습니다.

데라마치 도리 니조 아가루

여러분은 여행으로 처음 가보는 곳에서, 어떤 장소를 보는 편인가요? 한 손에 지도를 들고 명승고적을 둘러보는 것도 즐거운 일이지만 저는 일단 걸어서 주변을 돌아다녀본 다음 일상적인 사람 냄새가 나는 곳을 탐색해보고 싶어집니다. 시장이나 오래된 상점가 등 그 지역에 살고 있는 사람들의 일상을 살짝 들여다볼 수 있는 곳에 가면 가슴이 두근두근 뛴답니다.

교토에 살고 있으면 가이드북을 들여다보며 여행 중인 듯한 사람들을 많이 보게 됩니다. 가이드북에서는 결코 소개하지 않겠지만 교토 사람들의 평소 생활을 볼 수 있다면 분명히 다들 기뻐할 텐데 하고 혼자 생각해봅니다. 교토를 찾아오는 관광객은 일 년에 오천만 명 정도 된다고 하니 그야말로 감사한 일입니다. 여행하기 좋은 봄가을은 물론 아오이 마쓰리, 기온 마쓰리, 지다이 마쓰리 등 연중 내내 어딘가에서 행사가 있고, 가볼 만한 곳도 몇 군데 있고, 여기 살고 있는 저조차도 아직 가보지 못한 장소와 축제도 잔뜩 있습니다. 헤이안쿄[22]로 천도할 당시 당나라 수도 장안을 모방해 동서남북 사방으로 바둑판처럼 대로와 소로를 쭉 깔아놓은 교토 시내는 자매도시인 파리와 종종 비교되기도 하는데, 걷거나 자전거를 타고 돌아다니기에 그야말로 적당한 면적입니다. 노면전차는 이제 사라져버렸지만 버스와 지하철이 있어 잘 활용하면 매우 편리합니다.

　우리 가게가 자리하고 있는 데라마치 도리 중 이치조 도리 남쪽은 1200년 전 헤이안쿄였을 시절 마을의 가장 동쪽 부근을 남북으로 가로지르는 히가시교쿄쿠 대로(東京極大路)에 해당

22 교토의 옛 이름

하는 지역입니다. '데라마치(寺町)'라는 이름이 붙은 것은 400여 년쯤 전입니다. 도요토미 히데요시가 일본을 통일한 후 교토 시내에 있던 절들을 몇 군데로 모았는데, 그중 하나로 교토 주변을 둘러싸듯이 지은 '오도이'(성벽 같은 것)를 따라서 가모 강 서쪽을 남북으로 관통해 절들이 줄지어 늘어선 길이었다고 해요. 그 후 에도 시대에 사람들의 통행에 불편을 준다는 이유로 오도이를 조금씩 허물게 되고 몇 번의 화재로 절도 불타 데라마치 도리의 풍경도 차츰 바뀌었을 거예요. 데라마치 도리를 사이에 둔 맞은편 마을 이름이 '요호지마에초(要法寺前町)'인 것을 보면 옛날에는 우리 가게가 있었던 이 자리에 '요호지(要法寺)'라는 절이 있었음을 알 수 있어요. 호에이 대분화(1707년)[23] 때 불타버린 요호지는 이후 다른 자리에 재건되어 이제는 이 근처에 절은 하나밖에 없지만, 우리 가게에서 북쪽으로 2킬로미터 정도 가면 절들이 죽 늘어서 있는 그야말로 '데라마치 도리'를 볼 수 있습니다.

남북으로 뻗어 있는 데라마치 도리를 동서로 교차해 교토

---

23 호에이(宝永) 4년에 후지 산이 분화한 사건

시청에 닿아 있는 도로가 오이케 도리입니다. 이 오이케 도리를 사이에 둔 데라마치 도리의 남쪽 지역은 번화가인 시조 도리까지 아케이드가 설치되어 있고 관광객을 상대로 하는 기념품 가게가 눈에 띄는 상업지구입니다. 학생들이 수학여행을 오면 이 널따란 오이케 도리에 버스가 서고 교토 기념품이나 젊은 사람들 취향의 상품들을 사려는 학생들로 매우 붐빈답니다.

오이케 도리에서 북쪽으로 가면 인적도 조금 뜸해지고, 차분한 길거리에는 주민들을 대상으로 하는 가게들이 많이 보입니다. 그리고 니조 도리에서 마루타마치 도리까지는 데라마치 도리의 도로 폭이 조금 더 넓습니다. 메이지 28년(1895년)에 노면전차가 다닐 수 있도록 데라마치 도로의 폭을 확장했기 때문인데, 그 당시에는 여기가 교토의 메인스트리트였다고 하지요. 그 후 다이쇼 15년(1926년)에 바로 그 동쪽에 있는 가와라마치 도리에 노면전차가 옮겨 설치되었고, 데라마치 도리는 양쪽으로 인도와 가로수를 낀 차분한 동네로 변했습니다. 지금 인도에는 은행나무가 심겨 있어요. 초봄에 울퉁불퉁한 줄기와 가지에 작은 잎들이 돋아나, 여름쯤 되면 무성하게 자라난 잎들이 시원한 나무 그늘을 만들어줍니다. 아침마다 떨어진 잎들을 청소하는 것이 꽤 번거로운 일이긴 하지만 가을이 되면 온통 황금색으로 물들지요. 은행나무 밑동에는 근처 주민이 심어둔 수국과 남천, 작은 화초들이 계절의 변화에 맞춰 어느새 피어나 눈을 즐겁게 합니다.

데라마치 도리를 따라 교토 전통 채소를 취급하는 '야오히로(八百廣)', 후쿠이 현의 와카사 및 효고 현의 아카시에서 나는 생선을 취급하는 '다이마츠(大松)', 무시즈시[24]가 맛있는 '스에히로(末廣)', 우유 집 등도 있습니다. 채소를 들여다보고 있는 저에게 "이 강낭콩이랑 가미가모산 야채, 부들부들하게 참깨랑 무쳐 먹으면 어때요?" 하고 계산대 일을 보며 말을 걸어주던 채소 가게 할머니가 지금도 정겹게 떠오릅니다. '산가츠쇼보(三月書房)'는 가게 주인이 좋아하는 책만 진열해두고 파는 상당히 독특한 서점이에요. 주인은 가게 안쪽에 있는 계산대 앞에서 항상 책을 읽고 있어서, 책을 좋아하는 우리 남편은 "좋은 직업이네." 하고 부러워합니다. 가게 안쪽의 작업장에서 직접 만든 사

24 교토에서 겨울에 먹는 메뉴로, 스시에 붕장어와 버섯 등을 올려 찜통에 찐 것이다. '무시즈시'를 직역하면 '찐 초밥'이 된다.

탕만 파는 '호쇼도(豊松堂)'도 있습니다. 모퉁이를 돌면 바로 정육점도 있어요. 역사가 있는 빵집 '신신도(進々堂)', 다구를 판매하는 '미야코야(都屋)'와 그 외에도 많은 다구 판매점, 갤러리, 붓과 먹 및 종이 전문점 등이 걸어갈 수 있는 거리 안에 늘어서 있습니다. 두부, 유바[25], 나마후, 미소된장, 민물고기, 황계(닭고기), 떡 등을 판매하는 전문점도 자전거로 갈 만한 거리 안에 있습니다.

제가 막 데라마치 도리에서 살기 시작한 30여 년 전에는 대형 슈퍼마켓이 자전거로 10분 정도 거리에 두 군데 있었습니다. 한곳에서 이것저것 다 살 수 있는 슈퍼도 편리하긴 하지만, 장보기의 재미란 역시 가게 사람과 주고받는 말에 있는 것이 아닐까요. 거의 물건이 다 나가고 없을 즈음인 시간에 두부 가게로 달려간 저에게 "어떻게든 오늘 꼭 사야겠다면 남은 끄트머리 부분을 모아서 가져가시는 건 어때요?" 하고 사정을 봐주시기도 하고요.

---

[25] 두유를 끓여서 표면에 생긴 얇은 막을 걷어내어 말린 식품

우리 가게는 차 전문점입니다. 찻잎을 통해 즐길 수 있는 차가 얼마나 좋은지를 적극적으로 알리고자 다달이 책갈피를 제작하고, 다방을 열고, 차 음용 방법을 알려주는 교실이나 행사를 개최하면서 차를 접할 수 있는 다양한 기회를 만들어왔습니다. 찻잎이라는 상품은 어디까지나 소재에 지나지 않으며, 최종적으로는 손님이 본인의 손으로 뜨거운 물과 만나게 해야만 비로소 '차'가 됩니다. 이 '차'가 되는 과정을 즐기며 차를 맛있게 드시는 차의 팬을 늘려가고 싶은 바람으로 열심히 씨름하고 있습니다.

해외에서 찾아오는 손님도 많아서 최근에는 센차나 교쿠로에 붙이는 '차명(茶銘)'도 단순히 로마자 표기를 넘어서 조금 더 이해하기 쉽고 이미지가 와 닿을 수 있게끔 영어로 '번역'해 표기하는 방식을 시도하고 있습니다. 예를 들어 차명이 '호센(芳泉)'인 센차는 'Redolent Spring'로, '감로(甘露)'라는 차명이 붙은 교쿠로는 'Elixir'로 표기하는 식입니다.

각 차의 특징을 알려주고 맛보게도 해드리며 차 우리는 방법이나 다구를 사용하는 방법 등 갖가지 문의에 대답해드리는 우리 가게를 찾아주시는 손님들은 차 전문점으로서 우리와 나누는 대화를 기대하며 와주시는 것일 테지요. 멀리에서 교토를 방문하게 되면 꼭 우리 가게를 들러주시는 분들도 있습니다.

저 멀리 바라보면 동쪽과 북쪽으로 산등성이가 이어지며 고쇼(황궁)가 보이고 가모 강이 흐르며 절과 신사가 여기저기 많은 이 도시에는 1200년의 역사가 쌓여 갖가지 드라마가 펼쳐진 가운데 지금, 우리들의 생활이 있습니다. 교토 사투리가 여전히 미숙한 저이지만 어느새 이 도시를 정말 좋아하게 되었답니다.

차를 둘러싼 이야기

규스에 대해서

　고등학교 가정 과목 수업의 일환으로 '차를 즐기는 방법'을 가르쳐주기 위해 이따금 제가 학교에 나가기도 합니다. 그럴 때면 보통 "'규스'라는 도구에 대해서 알고 있나요?" 혹은 "차를 '규스'로 우려서 마시나요?" 하고 물어봅니다. 고등학생쯤 되면 직접 '규스'를 사용해 차를 우려서 마시는 학생들이 한 반에 몇 명쯤은 있어 반가워지지만, 한편으로는 페트병 차는 매일같이 마시지만 규스로 차를 우리는 건 자신과는 먼 이야기라는 반응이나 조부모님 댁에 갔을 때만 마신다는 학생이 사실상 대다수인 것을 보면서 젊은 세대가 상상 이상으로 규스와 동떨어져 있다는 현실에 그저 놀랄 뿐입니다.

그렇지만 실제로 규스를 사용해 차를 우리는 경험을 해보게 하면 첫 체험인데 즐거웠다, 차가 맛있다는 게 어떤 건지 알겠다, 지금까지 이런 맛의 차를 마셔본 적이 없다 등등 다양한 발견을 들려줍니다.

이를 보면서 좀 더 어린아이들에게도 규스의 사용 방법을 제대로 알려주고 싶은 마음에, 여름방학과 겨울방학에 유치원생과 초등학생을 대상으로 '부모와 함께하는 차 즐기기 교실'을 개최하고 있습니다.

뜨거운 물과 깨지기 쉬운 그릇을 다루다 보니 조심해야 할 것들이 많습니다. 오른손으로 규스 손잡이를 잡고 왼손으로 뚜껑을 누르도록 시범을 보여줘도 왜인지 좌우 손이 엇갈려 버린다든가 하는 식이지요.

하지만 설명을 찬찬히 다 해주고 시작하면, 긴장하면서도 아이들의 마음이 고양되는 것이 느껴지고 생기 넘치는 분위기가 만들어집니다. 각자 부모자식끼리 차를 교환해 마셔보게 하면 자신이 우린 차를 마셔보고 "내가 우린 게 맛있어." 하고 조금 뿌듯한 얼굴을 하는 아이도 있어 재미있답니다.

아이들도 어른들도, 이렇게 차 본래의 맛을 알게 해드리면

밖에서는 페트병 차를 마셔도 집에서는 찻잎을 가지고 우려낸 차를 마시게 됩니다. 최근에는 규스로 차를 우려 마이보틀(물병)에 담아 들고 다니는 분들도 조금씩 눈에 띕니다.

✑

그런데 '규스(急須)'라는 글자를 보고 '차를 우릴 때 쓰는 도구'를 떠올리기란 쉽지 않습니다. 어째서 이런 한자를 쓰게 된 것인지는 알 수 없어요. 어원을 따져봐도 여러 설이 분분해 무엇이 맞는지 잘 판단할 수 없는데, 중국에서 온 단어라는 것만은 틀림없겠지요. 일본에서 이 단어가 쓰이기 시작한 것은 에도 시대 초기, 황벽종이 중국에서 전해지면서 센차와 중국식 소찬 요리가 함께 들여온 무렵이었을 것으로 보입니다.

원래 중국에서 일본으로 차가 전래된 것은 가마쿠라 막부 시대 초엽입니다. 에이사이 선사가 임제종과 함께 들여온 차는 맛차였습니다. 당시 송나라는 맛차를 즐겼다고 하는데, 그 후에 시들해졌습니다. 한편 일본에서는 차의 생산지를 맞추는 게임 '투차'가 서민들 사이에까지 퍼질 정도로 차가 번성해, 이윽고 손님에게 차를 내는 다도 예법이 양식화되어 최종적으로 센노 리큐가 '다도'로 집대성했습니다.

맛차를 만드는 과정에서 나오는 부산물인 '반차'는 계속해서 만들어졌을 것이므로, 가마쿠라 막부 시대에서 아즈치모모야마 시대에 걸쳐 무사와 승려 등 나름의 지위가 있는 사람들은 '맛차'를 마시고 서민들은 일상에서 '반차'를 마셔왔을 것으로 생각됩니다.

이미 여러 번 이야기했지만 현재 우리들이 마시고 있는 '센차'의 제조 방법이 확립된 것은 지금으로부터 270년 정도 전인 에도 시대 중엽, 교토 남쪽의 우지타와라 마을에서였습니다. '차밭에서 딴 새싹을 우선 증기로 쪄 산화 효소의 활성화를 막고 열을 가해 비비면서 건조시킨다.' 이러한 원리는 지금도 완전히 동일합니다. 손으로 따던 것을 기계로 따고, 나무 찜통에 찌던 것을 찌는 기계를 이용하고, 손으로 비비던 것을 기계로 비비는 것으로 전환하며 위생적이면서 높은 품질이 균일하게 유지되는 차를 대량으로 제조할 수 있게 되었습니다.

이렇게 만들어진 센차를 맛있게 우릴 때 필요한 도구가 규스입니다. 돌돌 굴려가며 비빈 찻잎을 뜨거운 물(때로는 찬물)에 담그면 '꼬임'이 풀리며 찻잎이 펼쳐지고 이때 찻잎에 함유되어 있는 감칠맛 성분이 뜨거운 물속에 녹아들어 차가 됩니다. 따라서 좋은 규스의 조건이라 하면 찻잎이 잘 펼쳐질 수 있도록 충분한 깊이와 너비가 있으며 뚜껑의 지름이 길어 찻잎이나 차 찌꺼기를 넣고 빼기 수월한 것입니다. 여기에 덧붙이자면 뚜껑을 닫았을 때 꽉 닫혀 밀폐를 시켜주어 규스를 기울여도 차가 새어나오지 않으며 차를 붓는 구멍에서 바닥을 타고 흐르는 일도 없는 것이지요.

뚜껑 부분이 작아서 차 찌꺼기를 꺼내기 어려운 것, 붓는 구멍이 너무 위쪽에 나 있어서 타이밍 좋게 붓기가 어려운 것 등 규스 중에는 사용하기 편한지 여부보다 겉보기에 더 신경을 써서 디자인을 우선한 것들도 많으며, 내부에 차 거름망이 장착되어 있어 얼핏 편리해 보이지만 찻잎이 충분히 펼쳐질 공간이 부족한 제품도 있습니다. 이러한 규스는 쓰기 편한 규스로 한 번 추출한 차를 넣어 보조적으로 우릴 때 쓰는 게 좋을지도 모르겠어요.

차 교실을 찾아오신 분들을 대상으로 한 설문조사에서도

알 수 있는데, 차 찌꺼기의 뒤처리가 번거롭다고 여기는 분들이 많습니다. 이는 일본차뿐만 아니라 커피, 홍차, 중국차도 마찬가지겠지만 특히 일본차 같은 경우 '꼬임'이 풀린 차 찌꺼기가 매우 연해서 규스 내부에 잘 들러붙으므로 결국 흐르는 물에 씻어낼 수밖에 없어요. 이러한 번거로움을 피하고자 시중에 나와 있는 차 드립백을 구입해 직접 찻잎을 넣고 사용하는 분도 있습니다. 큼지막한 베개 모양 드립백이라 한들, 찻잎을 자루에 담아버리면 잎이 충분히 펼쳐지지 못해 본래의 감칠맛이 추출되지 않을 가능성이 높습니다. 센차 본연의 미묘하고 섬세한 맛과 향을 느끼려면 아무래도 규스로 우리는 것이 제일이라 생각해요. 여행지나 사무실 등 뒤처리가 쉽지 않은 곳이라면 잘 우려질 수 있게 나온 티백 차를 추천합니다.

그런데 일본차 중에서도 차 찌꺼기가 나올 걱정 없이 마실 수 있는 차가 있습니다. 바로 맛차입니다. 차선과 다완만 있으면 언제든 어디에서든 차를 마실 수 있는 궁극의 인스턴트 차입니다. 지금은 어쩐지 맛차에 대해 약간 문턱이 높다는 이미지를 가지고 있는 사람들이 많지만, 사실은 매우 쉽게 마실 수 있는 차입니다. 800년 전 이상으로 거슬러 올라가는 일본차의 역사가 맛차에서 시작되었다는 것도 참 신기한 운명이라는 생각을 합니다.

다완과 차탁

우리 가게 본점에 병설한 다방 '가모쿠'에 마련해둔 다기는 교토 기요미즈데라 부근에서 구워낸 새하얀 규스와 다완입니다.

백화점 행사에서도, 우리 가게 내의 차 품질 심사에도 이 다완을 씁니다. 우리에게 다완이란 기요미즈데라 부근에서 구운 것을 뜻한다고 해도 과언이 아니에요. 맛차용 다완은 예전부터 색과 모양이 다른 교토산 도자기 여러 종류를 써왔지만, 센차용 다완은 극도로 단순한 백자만 죽 써오고 있습니다. 규스는 손잡이가 없는 각진 병과 손잡이가 달려 있는 것 이렇게 두 종류가 있습니다.

손님들에게서 "어떤 찻잔이 좋을까요?" 하는 질문을 자주 받습니다. 도자기를 취급하는 가게에 가면 제조소도 제작자도 제각각인 다완들이 다양하게 늘어서 있는데, 찻잎을 취급하는 입장으로서는 역시 처음에는 백자 다완을 추천합니다.

우선 차의 물빛을 알아보기 쉽도록 바깥쪽에는 색이나 무늬가 있어도 다완 안쪽은 흰색인 것이 좋아요. 그리고 입에 닿는 부분은 두께가 있는 것보다는 얇은 편이 촉감도 좋고 차를 맛있게 마실 수 있도록 해주는 것 같아요. 기요미즈데라 부근에서 구운 다완은 두께가 얇은 것이 많아, 뜨거운 차를 담으면 손으로 잡기 어렵기도 하지만 살짝 식혀서 우려내는 교쿠로나 센차를 담기에는 적당히 좋답니다.

호지차나 반차처럼 뜨거운 물에 우리는 차라면 조금 두꺼운 다완이 어울리는 듯싶습니다. 가게 내 다방에서도 이즈모의 슛사이가마에서 구워낸 소박한 다완 같은 것을 씁니다. 집에서 부담 없이 마실 경우 머그컵을 쓰면 손잡이가 달려 있어 더욱 편할지도 모르겠네요.

홍차는 '컵 앤드 소서(cup and saucer, 받침 접시가 있는 찻잔)'라고 묶어서 이르는 말이 있을 정도로 다완과 받침 접시가 세트인 경우가 많습니다. 홍차에 관해 연구한 책을 읽어보면 원래 홍차란 아주 뜨거운 홍차를 잔에 찰랑찰랑하게 붓는 것이 좋다고 여겨지며, 안전상 그 찻잔을 탁자에서 들어올려 입까지 가져오는 동안 찻잔을 받치는 접시가 필요해진 것이라 해요. 그리고 받침 접시가 있으면 스푼을 올려놓을 수도 있습니다.

옛날 영국의 노동자가 일하다 잠시 짬을 내 홍차를 빠르게 마셔야 했을 때 받침 접시에 홍차를 부어서 식힌 다음 들이키기도 했다고 합니다. 영국에 대해 잘 아는 지인에게서 "찻잔에 담는 뜨거운 물의 양이 받침 접시에 가득 부었을 때 들어가는 양과 똑같아."라는 말을 들었을 때는 반신반의했지만, 실제로 실험해봤더니 그 말대로라 놀랐던 기억이 있습니다.

일본차 중에서도 호지차나 반차 같은 경우는 부담 없이 가볍게 마시는 차라, 큼지막한 다완에 뜨거운 차를 찰랑찰랑하게 부어 마시는 것이 맛있는 것 같아요. 하지만 그럴 때도 홍차처럼 받침 접시를 대지는 않고, 기껏해야 쟁반 위에 얹는 정도일까요. 오히려 교쿠로나 센차처럼 상급 차를 손님에게 낼 때는 차를 다완에 조금 덜 차게 붓고 '차탁'에 얹어서 냅니다.

원래 차탁은 중국에서 들어온 것으로, 절에서 부처님께 차를 공양할 때 뚜껑이 달린 다완을 귀인대(貴人台)[26]에 얹은 것에서 유래했다고 합니다.

다완에 종류가 매우 많은 것처럼 차탁에도 여러 종류가 있습니다. 주석, 구리, 나무로 만든 것이나 옻칠한 것 등 재질도 다양하고 크기와 형태도 여러 가지입니다. 다완의 높은 굽과 전체적인 균형이 어떻게 만나느냐에 따라 마치 옷을 갈아입은 것처럼 다양한 조합을 볼 수 있어요.

끓였다 식힌 물을 규스에 옮기거나 할 때 아무래도 다완에 물기가 묻게 되지요. 다완 바닥의 높은 굽 부분의 물기를 마른 행주로 잘 닦아내두는 것이 중요합니다. 이를 잊어버리면 차탁이 가벼운 경우, 다완을 잡고 들어올릴 때 그 밑에 같이 딸려 올라갔다가 떨어지며 큰 소리를 내기도 합니다.

---

26 지위가 높은 사람-귀인-에게 차를 낼 때 쓰는 천목대

그릇과 차의 양 하니 떠오르는 이야기가 있습니다. 예전에 다도 선생님이 독일에서 차를 우려 손님에게 내는 다도 예법을 소개했을 때의 일입니다. 어느 독일인 고객이 맛차 다완의 3분의 1 정도만큼 우린 맛차를 보고 "너무 적은 거 아니에요? 찰랑찰랑하게 가득 부어주세요." 하고 이야기했다는 겁니다. 카페오레 등은 보통 그릇에 듬뿍 담아 마시니 그렇게 이야기한 것이겠지요. 그렇지만 맛차는 그렇게 한 번에 많이 마시지 않았던 것이라 생각합니다. 커다란 다완에 적은 양의 맛차, 이 밸런스야말로 아름답다고 여기는 것은 지극히 일본적인 감각인지도 모르겠어요.

맛차용 다완 같은 경우, 차의 색을 알아볼 수 있도록 내부가 흰색이어야 할 필요는 없는 만큼 다양한 색과 모양 중에서 본인의 취향에 따라 고르면 됩니다. 우리 가게 내 다방에서는 역시 교토에서 구운 것을 많이 취급하고, 그 외에 젊은 작가들이 만든 것, 계절에 어울리는 그림이 들어간 것 등을 마련해두고 있습니다.

다도에서는 손님에게 차를 낼 때 보에 받치거나, 천목 다완을 다루는 예법으로 천목대라는 것을 쓰거나 하며 받침 접시 같은 차탁을 쓰지는 않습니다.

어렸을 때는 이가 아프면 그때서야 갔던 치과에 대해 별로 좋은 기억이 없습니다. 그래도 최근에는 '오랄 케어'라는 말처럼 저도 치석이 끼지 않도록 한 달에 한 번은 치과를 방문하고 있어요. 가끔 "이번에는 홍차랑 호지차를 많이 드셨어요?" 하는 말을 들을 때가 있습니다. 양치를 제대로 한다고 하는데도 아주 작은 틈에 차 앙금이 남아 있는 것인지, 양치를 잘해야 한다고 에둘러 지적해주십니다.

이 차 앙금은 다기에도 들러붙습니다. 규스의 뚜껑이 맞물리는 부근이나 다완 바닥의 굽 부분은 잘 씻어두어도 나중에 살펴보면 차 앙금이 남아 있는 것을 볼 수 있습니다. 그럴 때는 표백제를 푼 물에 하룻밤 담가두면 새 그릇처럼 깨끗해집니다.

안타깝게도 입안은 표백할 수 없지만, 타액이 자연스럽게 그 역할을 다해준다고 해요. 체질적으로 타액이 진하거나 적게 분비되는 분은 센차처럼 떫은맛이 있는 것이나 신맛이 나는 것을 먹으면 타액이 잘 분비되어 세정 작용을 해준다고, 이 역시 치과 의사 선생님이 알려주셨어요.

볶은 반찬

지금으로부터 10여 년 전, 외국에서 교환학생으로 온 고등학생을 연달아 두 명 홈스테이로 머물게 한 적이 있습니다.

처음에 온 사람은 캐나다의 토론토에서 온 카일 군이었어요. 아침으로 빵을 먹을 때는 물론, 밥을 먹을 때도 우유를 많이 마셔대어 놀랐답니다. 우리 집에서 먹는 일상적인 식사를 "맛있다"며 기쁘게 먹어주었어요. 검소한 카일 군은 가능한 한 용돈을 아끼려고, 매일 제가 싸주는 평범한 도시락을 챙겨서 학교에 갔지요.

그다음으로 온 사람이 미국 오하이오주 출신의 조 군이었습니다. 무술에 뜻이 있어 몸을 만들고 있다며, 매일 아침 일어나자마자 거의 2리터에 달하는 물을 한 번에 마신다고 일부러 미국에서부터 챙겨온 커다란 용기를 주방에 놓아두었지요. 카일 군과는 다르게 조 군은 패스트푸드를 정말 좋아해서 제가 도시락을 만들 일은 거의 없었어요. 고기 요리 외에는 흰밥과 김을 매우 좋아했는데, 조미 김과 구운 김 중에 어떤 것이 더 좋은지 물어보자 "둘 다, 똑같아요."라는 답이 돌아왔어요. 많이 다른데, 하고 깜짝 놀란 제 반응을 보더니 바로 "아주머니는 콜라와 펩시 차이, 알아요?" 합니다. "나는 알아요. 어렸을 때부터 마셨으니까." 하고 진지한 얼굴로 대답하더군요.

두 사람에게는 일본차에 친숙해질 수 있는 좋은 기회란 생각으로 이런저런 차를 자주 내놓았어요. 둘 다 호지차는 마음에 들어하며 마셨지만, 센차와 교쿠로 중에 무엇이 더 좋은지 물어보자 "둘 다 똑같아요." 하는 감상을 들려주었습니다. 차를 우려서 주면 마시긴 했지만, 일본에 머무르는 동안 일본차는 결국 두 사람이 그렇게까지 마시고 싶은 음료는 되지 못했던 것 같아요.

하지만 시간이 지나고 보니, 그들은 아직 미각이 완성되지 않은 상태였지 않나 하고 받아들이게 되었습니다. 저 자신을 돌아봐도 여러 음식을 맛볼 수 있게 된 것은 성인이 되고 난 이후였어요. 다양한 것들을 먹어보고 마셔보아야 미각의 레퍼토리도 확장되고, 진정한 의미에서의 호불호가 생기는 게 아닌가 싶어요.

센차를 마시고 나면 뒷맛이 산뜻해지는 것이 사실이지만, 그 감각이란 가르쳐준다고 이해할 수 있는 것이 아닙니다. 몇 번이고 마셔보면서 자연스럽게 알아가는 것이 아닐까요.

일본이 해외 무역을 시작한 막부 말기 무렵, 차는 비단실에 다음가는 수출 상품이었습니다. 주로 미국 대륙을 대상으로 센차가 수출되었다고 하니, 카일 군과 조 군의 증조부모님에서 한 세대나 두 세대 위 사람들에게 차를 판매한 것이라 볼 수 있겠지요. 그 당시에 수출한 센차가 어떤 차였는지, 미국 사람들이 어떤 식으로 마셨는지, 개중에는 설탕을 넣어 마셨던 사람도 있었다는데 어쨌든 확실히 알 수는 없습니다. 그러나 차는 당시 미국인들에게 익숙했던 일상의 식생활 가운데 차와 마찬가지로 기호품으로 들어가 있던 커피나 홍차와의 경쟁에서 이기지 못하고, 주요 수출 품목에서 점차 사라져갔습니다.

교토에 사는 사람들이 평소에 자주 마시는 차 중에 '볶은 반차(이리반차)'라는 것이 있습니다. 매우 개성이 강해서, 교토에 살지 않는 분이 이 차를 주문하실 경우 이전에 이 차를 마셔본 적이 있는지를 반드시 확인합니다. 교토에서 나고 자란 분이 그리운 맛을 찾아 주문하시는 경우라면 괜찮은데, 처음으로 '볶은 반차'를 마셔본 분 중에는 찻잎의 상태나 향에 놀라서 화를 내시는 경우도 있거든요. 우리 가게에서도 '볶은 반차'는 손님들의 눈에 띄는 가게 앞에 진열해두지 않고, 찾는 분이 있으면 그때 가게 안쪽에서 꺼내어 드립니다. '볶은 반차'의 맛과 향에 대해 모르는 관광객 분들이 집어드는 일을 막기 위해서입니다.

'볶은 반차'는 손으로 따는 교쿠로나 센차 차밭에서 첫물차(이치방차)를 딴 다음 해묵은 잎과 같이 자라난 잎들을 무릎 높이 정도로 베어내, 줄기나 가지도 함께 넣고 진득하게 시간을 들여 찐 후 건조시킨 것입니다. 지금은 건조기를 사용하지만 옛날에는 큰 멍석에 펼쳐서 햇볕에 말렸다는 데서 '햇빛 건조 반차(日干番茶)'라고 불리기도 했습니다. 교쿠로나 센차와 다르게 '비비는' 공정이 없어서, 완성된 차를 보면 갈색 잎이 펼쳐진 채로 있는 모습입니다. 여기에다 출하하기 전, 이것을 뜨거운 철판 위에 얹어 쓱쓱 볶아주다 보니 탄 부분도 있습니다. 그 향이 매우 독특해 '연기 냄새'나 '담배 냄새' 같다고 느끼는 분들이 많아 '모닥불 차'라고 부르는 분들도 있습니다.

그렇지만 교토 사람에게는 없어서는 안 될 차로, 아침부터 밤까지 이 차를 손에서 놓지 않고 마시는 집들도 있을 정도입니다. 교토가 아닌 다른 지방분들 중에서 교토 요리를 하는 음식점에 갔다가 '볶은 반차'를 처음 마셔보고 흥미가 생겼다며 찾는 손님들도 조금씩 늘고 있습니다. 잎이 펼쳐진 상태 그대로여서 자루에 담아도 부피가 커지긴 하지만, 가격도 비교적 저렴하고 카페인도 거의 다 날아가 아기들이나 환자들에게도 권할 수 있는 차입니다. 특성이 강한 만큼 일단 좋아하게 되면 이 차가 없으면 안 될 정도로 완전히 빠져버리게 됩니다. '볶은 반차'를 마실 때마다 항상 이 생각을 합니다.

색깔도 갈색에 얼핏 낙엽처럼 보이는 상태이므로, 규스로 우리는 대신 질 주전자나 주전자에 한가득 만듭니다. 팔팔 끓는 물에 찻잎을 두 줌 정도 넣고 불을 끈 다음 15분에서 20분 정도 그대로 두었다가 다른 용기에 완전히 부어주세요.

찻잎을 물에 계속 담가두면 맛이 없어지지만, 뜨거운 상태로도 차갑게 식혀서도 맛있게 마실 수 있는 차입니다. 남편이 다녔던 초등학교 운동장에 있는 세면대에는 언제나 이 차가 놓여 있어서 그 옆에 있었던 양은 컵이 입에 닿는 느낌과 이 차의 풍미가 남편에게는 언제나 세트로 같이 떠오른다고 해요.

카일 군도 그렇고 조 군도 교토에 머물던 다른 유학생들과 끈끈한 관계를 맺고 있어서, 우리 집에서 자주 저녁을 같이 먹거나 모여서 같이 자거나 했습니다. 네덜란드, 남아프리카, 한국, 아르헨티나 등 각국에서 온 학생들이었어요. 일본차를 난생처음으로 마셔본다는 아이도 있어서, 그 반응을 살펴보는 것이 차를 우려주는 저의 하나의 재미이기도 했습니다. 이제는 완전히 어른이 되어버린 그 아이들에게서 이따금씩 옛 생각이 났는지 "아주머니" 하고 시작하는 메일이 오는데 매우 반갑답니다. 사실 그중에는 일본차를 정말 좋아하게 되었다는 아이도 있어서 재미있다 싶어요. '기호품'이란 단어를 사전에서 찾아보면 '영양 섭취를 목적으로 하지 않고 독특한 향과 맛, 자극을 즐기고자 하는 음식물. 술, 차, 커피, 담배 따위가 있다.'라고 쓰여 있습니다. '어느 누구에게도 없어서는 안 될 것'이 되지는 않으나 마시는 것으로 평온을 느낀다든지, 마시는 시간 자체를 즐기는 것이 바로 '기호품'인 것이겠지요.

　개인적으로는 차를 담배와 같은 부류로 놓는다는 것에 저항감을 느낍니다만, "이게 내 취향이야." 하고 말할 수 있으려면 그 사람 나름대로 어른이 되어야만 가능한 것이려니 싶어요. 그런데 그 취향을 결정짓는 데는 어른이 될 때까지 자라온 환경도 중요한 영향을 끼친다고 생각하고요. 오감을 계속해서 날카롭게 연마한 후 도전해본 끝에 새로운 취향을 발견할 수도 있고, 스스로의 판단을 내려놓고 흥미를 가지고 다양한 것에 도전해보는 것도 즐거운 일이랍니다.

　그러고 보니, 9·11 테러 사건으로 하루아침에 사라져버린 뉴욕의 세계무역센터 건물이 있지요. 1996년 가을, 저는 그 건물 안 2층 광장에서 일주일 정도 개최한 교토 토산물 전시회에 참가한 적이 있습니다. 교토에 있는 여러 가게들의 상품을 전시하고, 전시회를 보러 오신 분들에게 과자나 차를 시식하게 해드리는 행사였어요.

맛차는 우라센케(裏千家)[27] 지부에서 나온 분이 다실을 설계해주셔서, 우리는 센차와 호지차를 그 자리에서 우려 여러 분들에게 권했습니다. 장소의 특성상 둘러보러 오시는 분들은 관광객에 직장인 등등 가지각색이었어요. 호지차는 그 맛과 향을 처음 접하는 분들도 쉬이 익숙해지는 편인데, 센차는 반응이 조금 달랐습니다. 괴롭다는 듯 얼굴을 찡그리고 입에서 내려놓는 분이 있는 반면 "건강에 좋다니 맛있네요." 하며 이유를 대기도 하고 커피보다 그린티를 좋아한다는 분도 있었어요.

종이컵에 담아서 건네드린 센차의 양은 적었지만 뜨거운 탓인지 전시물을 보면서 조금씩 마시던 한 분이 다시 우리들이 있는 곳으로 돌아오더니 "처음 마셔보는데, 희한하게 마시다 보니 입안이 산뜻해졌어요. 이 센차 한 잔 더 주세요." 하며

27 일본 다도 종가

빈 종이컵을 내미시더군요. 이런저런 말로 설명한 것도 아니고 바로 센차를 맛보고 직접 납득해서 나온 이 한마디가 저로서는 너무도 커다란 기쁨이었기에 그 건물과 함께 지금도 잊을 수 없는 기억이 되었습니다.

그 뉴욕과 연이 닿아 2년 전부터 그곳에 작은 가게를 차렸습니다. 일본에서도 직원 한 명을 파견해 실제로 차를 시음하며 맛을 확인하고 주문을 받게 하고 있습니다. 인터넷 등 정보의 파급력도 한층 커진 덕인지 옛날에 비해 일본차를 좋아하는 팬들이 세계 각지에 퍼져 있는 것을 보면 정말로 기쁘답니다.

삼각관계

　무엇이든 사소한 요령을 익히면 일이 쉽게 진행되기 마련입니다. 실제로 해보고나면 "뭐야, 이런 거였어?" 하고 절실히 납득했던 적이 있지 않나요?

　중학생 시절, 가정 과목 수업에서 대여섯 명씩 조를 나눠 조리 실습을 했습니다. 솥전이 달린 솥(하가마)에 밥을 지었던 것이 기억납니다. 각 가정에 전기밥솥이 당연한 듯 자리 잡기 시작하던 그 무렵, 그야말로 조부모님 댁에서나 볼까 싶었던 옛날식 솥이었어요. 쌀 양에 맞춰 물을 신중히 붓고, 불 조절을 담당한 사람은 묵직한 나무 뚜껑을 가만히 관찰하면서 시간을 신경 써서 보고 있습니다. 나머지 멤버들은 반찬을 담당했어요. 일본식 감자 요리(코나후키이모[28])는 감자를 살짝 삶은 다음 꺼내어 채반에 얹었다가 다시 냄비에 넣고 뚜껑을 닫습니다. 불에 올리고 타지 않게 주의하면서 마저 삶아요. 이 과정에서 감자 표면이 말라, 냄비를 흔들어주니 꼭 감자 위에 가루를 뿌린 것 같아져 깜짝 놀랐습니다. 그다음으로는 달걀을 하나씩 저울에 올려보았는데, '달걀 하나의 무게는 대략 50그램'이라는 것을 외워두라고 선생님이 가르쳐주셨어요. 냄비에 물을 가득 붓고 달걀을 넣은 다음 식초를 넣고 젓가락으로 살짝 저어준 후 시계와 눈싸움하며 3분, 8분, 12분 이렇게 세 시간대로 달걀을 삶았습니다. 그리고 먹어보았을 때 각각 맛이 다른 것에 모두가 감동했던 기억이 납니다.

　　요리에서 계량이란 얼마나 중요한 것인지요. 이 소소한 경험이 이후 저의 주방 일을 떠받치는 중요한 기초 지식이 되었습니다.

28　직역하면 '가루 날린(뿌린) 감자'라는 뜻이 된다. 완성한 요리 모양이 마치 감자 위에 가루를 뿌린 것 같아서 이러한 이름으로 불린다.

종종 손님들에게서 "어떻게 하면 매번 차를 맛있게 우릴 수 있나요?" 하는 질문을 받습니다. 이 집안에 시집온 저도 잘 우려야 할 때 차를 망치기도 하고 분명히 제대로 한 것 같은데 이상하게 오늘은 차 맛이 다르네, 했던 경험이 많이도 쌓여 있습니다.

돌아가신 아버님은 "다들 찻잎을 너무 적게 쓴다니까. 육수를 낼 때도 다시마나 가다랑어포(가쓰오부시)를 너무 아끼면 육수가 맛있게 우러나질 않잖아. 찻잎은 재료니까, 듬뿍 넣어서 우리면 차가 맛있어질 수밖에 없지." 하고 입버릇처럼 말씀하셨어요(데릴사위로 들어오신 아버님은 도쿄 출신이어서, 이야기에 열을 올리시면 간토 지방 사투리가 나오곤 했습니다). 차 가게의 주인이 "찻잎을 많이 넣으세요." 하고 목청을 높이면 세상 사람들은 장사하려고 그러는구나 할지도 모르겠지만, 아버님은 이런 것을 손님들에게 제대로 알려주지 않으면 시간이 아무리 지나도 차의 진정한 맛을 모르게 된다고 진심으로 믿으셨던 것 같아요. 전국에 분포된 차 가게에 연락해 '찻잎을 수북하게 두 숟가락' 넣는

다는 텔레비전 홍보를 실행할 조직을 짜기도 하셨어요. 실제로 이루어지지는 않았지만 지금 생각해봐도 당시 아버님의 곧게 뻗어나간 열의에는 고개가 절로 숙여집니다.

　다만 '맛있는 차'라고 하는 것도 그 의미는 천차만별입니다. 각 사람의 미각 취향에 달린 것이라, 모든 사람에게 다 통하는 것이란 없습니다. 거기다 일본차는 시즈오카, 교토, 미에, 가고시마 등 큰 산지별로 각각 특색을 살린 차를 제조하고 있습니다. 동일한 센차여도 풍미가 이렇게 다를 수 있다니, 하고 놀랄 정도로 정말 다양한 차가 시중에 나오고 있어요.

　평소 풍미가 강한 차를 마시고 있다면 담백한 상급 차가 부족한 듯 느껴질 것이고, 그 반대도 마찬가지일 거예요. 차 소매상에서는 가게 주인의 취향이 상품 구성에 반영되므로, 미각 취향이 맞는 가게를 만나면 틀림없이 '맛있는 차'를 즐길 수 있을 테지요.

　우롱차, 홍차와 마찬가지로 일본차는 말린 찻잎을 뜨거운 물에 담가 찻잎 안에 함유된 성분이 물에 우러나게 만든 것을 '차'라고 부르며, 우리들은 그것을 일상적으로 마시면서 그 향기와 맛을 즐깁니다.

'차를 우리는' 것은 찻잎과 뜨거운 물(때로는 찬물)이라는 두 가지 재료를 조합하기만 하면 되는 매우 간단한 일입니다. 그런데 똑같은 찻잎과 뜨거운 물을 가지고 두 명이서 나란히 차를 우려도 반드시 그 풍미는 달라집니다. 그뿐 아니라 차를 우릴 때마다 풍미가 달라지는 것 같은 때도 많아요.

 재료는 찻잎과 뜨거운 물, 두 가지뿐이지만 '찻잎의 양', '뜨거운 물의 온도', 찻잎을 물에 담가두는 '시간', 이렇게 세 가지의 관계가 맛에 큰 영향을 줍니다. 저는 이 삼각관계를 조정하는 것이야말로 차를 잘 우리는 요령이라 생각해요.

 찻잎 양이 많으면 진해지고 양이 적으면 연해집니다. 뜨거운 물의 온도가 높으면 떫은맛이 나오고, 온도가 낮으면 떫은 맛보다 감칠맛이 두드러집니다. 찻잎을 담가두는 시간이 길면 진해지고, 시간이 짧으면 산뜻한 맛이 납니다. 원칙은 이렇습니다만 차 가게마다 이야기하는 기준도 제각각 다르고, 감칠맛을 즐기고 싶을 때와 떫은맛으로 정신을 깨우고 싶을 때 등 그때그때 원하는 차의 맛도 다르지 않나요.

 센차를 예로 들어볼까요. 규스에 찻잎을 수북하게 2큰술 넣은 다음, 첫 번째로 우리는 것이라면 끓인 물을 찻잔에 한 번

옮겨 부어 살짝 식힌 물을 규스에 붓고 1분 기다려 감칠맛을 이끌어냅니다. 두 번째로 우릴 때는 찻잎이 펼쳐지기 시작하므로 우리는 건 잠깐이어야 하는데, 여기에서 새로운 시도로 뜨거운 물이 아니라 얼음물을 넣어보세요. 온도가 낮으므로 기다리는 시간은 30초 정도로 잡아야 합니다. 그러면 상쾌하게 차가운, 또 다른 차의 맛을 즐길 수 있습니다.

생산자에게서 도매상으로, 도매상에서 우리 같은 소매상으로 찻잎이 유통될 때 반드시 찻잎의 관능심사를 시행합니다. 이는 쌀과 일본주, 와인 따위에 행하는 품질 검사입니다. 말린 상태의 찻잎 색과 모양, 향기, 촉감 등을 체크한 다음 동일한 조건으로 뜨거운 물을 부어봅니다. 찻잎의 양, 뜨거운 물의 양과 온도, 담가두는 시간을 동일하게 맞추어, 시험용 규스로 우려냅니다. 이것을 새하얀 다완에 다 붓습니다. 차의 색깔을 보고, 향기 맡는 구멍을 통해 올라오는 향과 입에 머금었을 때 퍼지는 맛과 목을 타고 넘어가는 향기 같은 것들을 확인하며 판단

합니다. 시험용 규스에 남은 차 찌꺼기의 색깔과 향도 봅니다. 그다음 소매상인 우리가 도매상에서 견본 찻잎을 들여올 때 구입 심사, 우리가 블렌드한 차를 만들었을 때 합격 심사를 받은 후에 손님들에게 전할 차가 완성됩니다.

맛있는 차를 마시고 싶을 때는 자기만의 방식이어도 괜찮으니, 규스를 사용해 차를 우리는 것이 중요합니다. 그 위에 적정 양, 적정 온도, 적정 시간이라는 '삼각관계'를 유념하면서 뜨겁게나 차갑게 우려도 좋고, 미지근하게 우려 감칠맛이 가득하게 만들어도 매력적이지요. 자신의 취향에 맞춰 자유자재로 우리는 방법을 찾아보는 건 어떤가요? 결코 남녀 간의 복잡한 애정 관계만큼 어려운 것이 아니랍니다. 느긋하게 흐르는 시간 속에서 차 한 잔과 함께 한숨을 돌리는 것. 이러한 마음이야말로 차를 맛있게 우리는 비장의 기술일지도 모르겠어요.

티백

　유럽의 박물관이나 앤티크숍에서 옛날 식기들이 있으면 저도 모르게 계속 보고 있게 됩니다. 그중에 받침 접시가 딸린 컵인데 손잡이는 없는 것이 있어서, 손잡이가 달려 있는 게 보통이라고 생각하는 제 눈에는 조금 이상하게 보였어요. 중국이나 일본의 다기에는 손잡이가 달려 있지 않으니, 17세기경 유럽에 처음으로 수출된 자기에도 손잡이는 달려 있지 않았을 겁니다. 그 후 유럽에서도 자기를 만들게 되면서 손잡이를 단 컵이 만들어졌겠지요.

　일본에서는 에도 시대가 막 시작된 17세기 초, 네덜란드와 인도가 동인도회사를 설립해 아시아의 품물들을 유럽으로 활

발히 들이기 시작했습니다. 그때까지 오랫동안 '비단길'을 통해서 아시아와 유럽 간 사람과 물자의 왕래가 이어져왔지만, 대항해시대가 열어젖힌 바닷길을 통해 대량의 품물을 단시간에 수송할 수 있게 되면서 중국과 일본의 차 및 차를 마실 때 쓰는 그릇도 함께 전해졌습니다.

그 차는 지금도 중국과 일본에서 마실 수 있는 '부초차(釜炒茶, 덖음차)'였던 것으로 보입니다. 그릇은 당초 중국에서 만든 자기가 운송되다가 얼마 안 있어 일본의 '이마리' 지방에서 구운 자기도 전해졌습니다. 마침 그 무렵에 중동에서 유럽으로 커피도 전해져, 17세기에서 18세기에 걸쳐 조금씩 사람들의 생활 속에 기호품 음료와 그 그릇을 즐기는 삶이 퍼져 들어간 것으로 보입니다.

중국과 일본에서 유럽으로 수출된 '녹차'가 적도를 통과하는 기나긴 여행 도중 발효되어 '홍차'가 되었다는 그럴듯한 이야기를 들은 적이 있는데, 이는 그저 잘 만들어진 이야기일 뿐입니다. 차밭에서 딴 새싹을 바로 쪄서 산화를 막고 건조시켜 녹색으로 완성한 '녹차'와 달리 홍차는 딴 새싹을 완전히 발효시킨 후에 건조해 만든 것입니다. 이 발효를 중간에 멈춘 것이 우롱차입니다. 똑같은 차의 새싹을 가지고 만들지만 발효 공정의 여부만으로 겉모습부터 맛과 향이 완전히 다른 차가 되는 것입니다. 녹차가 홍차로 변한 것은 결코 아닙니다.

홍차 특유의 향은 찻잎을 딴 후 발효를 거칠 때 비로소 생겨난 것입니다. 어쨌든 당시의 배를 통한 운송에서 녹차의 맛을 그대로 유지하면서 운송하기란 여간 어렵지 않았을 것이라는 점은 충분히 상상이 되지요.

중국에서 '차'를 점점 더 대량으로 들여오게 되자 위기감을 느낀 영국이 인도의 아삼 주에서 차나무를 발견한 것이 19세기 초였으며, 중국에서 가져온 차나무를 인도의 다르질링 지역에 성공적으로 이식한 것이 19세기 중반, 스리랑카에서 차를 재배하기 시작한 것이 19세기 후반으로 영국은 20세기가 되기 전에 아시아에 있는 자국 식민지를 이용해 독자적인 차 산지를 가질 수 있게 되었습니다.

영국 하면 '홍차의 나라'라는 이미지가 있지만 그 역사가 시작된 것은 불과 400년 전이며, 찻잎 생산이 본격적으로 이뤄진 때로부터 치면 200년 정도에 지나지 않습니다. 비교하는 것은 아니지만, 일본에 맛차가 전해진 가마쿠라 막부 시대로부터 헤아려보면 800년이 넘어가는 일본차의 역사에는 당해낼 수 없는 것입니다.

그러나 영국에는 200년쯤 전부터 시작되었다고 하는 '애프터눈 티'라는 관습이 있습니다. 오후 세 시 무렵부터 저녁 사이에 간단한 샌드위치 등에 곁들여 홍차를 느긋하게 즐기는 시간을 이릅니다. 한 30년 정도 전에 런던에 살고 있었던 친구를 찾아갔더니, 고급 호텔에서 이 '애프터눈 티'를 체험시켜주겠노라며 데리고 가더군요. 같이 나온 얇은 샌드위치와 작은 과자, 스콘도 맛있었고 홍차와 함께 여유로운 시간을 보냈던 그 '애프터눈 티'라는 것에 감동했던 기억이 납니다.

일본에서는 마침 그때가 페트병에 담은 녹차가 판매되기 시작한 무렵이어서, 차를 즐기는 것에 대한 사고방식도 이렇게나 다르다니 하고 놀랐습니다. 저 멋진 '애프터눈 티'를 즐길 때 찻잎이 어떤가 보려고 티포트 안을 들여다봤더니 웬걸, '티백'이 들어가 있더군요. 그 옆에는 뜨거운 물을 담은 뚜껑 달린 은그릇도 놓여 있었습니다. 격식을 갖춘 호텔에서의 '애프터눈 티'에서도 편리한 '티백'을 사용한다는 합리적인 사고방식에 완전히 놀랐습니다.

원래 티백이란 20세기 초에 홍차 찻잎 견본을 명주실로 짠 자루에 넣어 손님에게 나눠준 것을, 그대로 뜨거운 물에 넣는 것이라 착각해서 그렇게 마신 것에서 시작되었다는 설이 있습니다. 그러나 우연의 산물이라고만 치부하기에는 오랜 차의 역사 중에서도 굉장히 획기적인(epoch-making) 사건이었던 것이 분명해요. 사전에 찻잎을 자루에 담아둔다, 그것을 뜨거운 물에 담가 차를 우린다, 자루는 꺼내어 그대로 버린다, 이렇게 하면 차 찌꺼기를 처리할 필요가 없어 매우 편리했으므로 홍차 티백은 그야말로 빠르게 퍼져나갔습니다. 일본도 이러한 흐름을 따라 쇼와 40년(1965년)경부터 녹차 티백을 판매하기 시작했습니다. 그렇지만 자루에 담는 찻잎에 가루차를 쓰는 경우가 많아 '티백' 차는 편리한 반면 맛이 떨어진다는 평가를 받기도 했다네요.

　　우리 가게의 옛날 가격표를 꺼내서 살펴보니 쇼와 48년(1973년)판에서부터 교쿠로, 센차, 호지차 이렇게 세 종류의 '티백'이 나오기 시작합니다. 돌아가신 아버님이 개발하신 이 상품들은 '가루차'가 아니라 어린잎을 쓴 '메차(芽茶)'로 만든 것이었습니다. "편리하면서 맛도 좋은 티백을 목표로 해서 만든 거야." 하고 뿌듯한 표정으로 이야기하시던 아버님의 표정이 기억에 생생합니다. 티백은 혼자 마실 만큼의 차를 우리기에도 매우 좋고, 여행을 갔을 때 호텔 방에서 혹은 입원했을 때 병실에서도 있으면 매우 요긴하지요.

차를 마실 때 불편한 점은 무엇인가요 하는 질문에 가장 많이 돌아오는 대답은 "차 찌꺼기 처리가 번거롭다."는 것입니다. 티백은 이에 대한 해결책으로서 그야말로 안성맞춤입니다. 차가 잘 우러나면서 맛에 영향을 주지 않고, 쓰레기 처리도 용이한 소재를 사용한 상품이 점차 많이 나오고 있습니다.

최근에는 찻잎이 자루 안에서 확실히 펴질 수 있는 공간을 확보하고자 티백 형태가 베개 모양에서 정사면체로 바뀌어가고 있습니다. 또 혼자서 마시기에 적당한 양의 티백만이 아니라, 여러 사람이 마실 수 있도록 규스나 포트에서도 사용할 수 있는 크기의 티백도 출시되고 있습니다.

요즘 영국 문화와 더불어 홍차도 상당한 인기를 누리고 있습니다. 제가 어렸을 때는 차 거름망에 홍차 잎을 얹고 컵 위에 걸친 다음 뜨거운 물을 부어서 내리는 것이 일반적이었습니다. 하지만 최근에는 은그릇이나 모양이 예쁜 티포트를 갖추고 있는 사람도 많고, 뜨거운 물을 부어 홍차의 '점핑' 작용이 잘 일어나게 하는 방법 등 홍차를 맛있게 우리는 방법에 대한 정보들도 널리 퍼지고 있습니다.

차를 취급하는 입장에서는 규스를 사용해 찻잎에서 우려낸 차의 맛을 많은 분들이 여유를 가지고 즐기실 수 있었으면 하고 늘 바랍니다. 한편으로는 시간이나 여유가 없을 때도 차를 맛있게 즐길 수 있도록, 편리한 티백들이 제 역할을 잘해주기를 기대하고 있기도 합니다. 최소한 페트병을 입에 대고 바로 마시는 차보다는 훨씬 맛있게, 느긋한 기분으로 즐길 수 있기를 바라는 마음입니다.

밖에서 마시는 차

　　산인 지방의 작은 마을에서 병원을 운영하던 우리 집은 부모님께서 너무 일이 많아 바빴던 까닭인지 제가 초등학생이었을 때 여름방학과 겨울방학이면 어린 동생들과 저를 조금 떨어진 곳에 있었던 조부모님 댁에 맡기시곤 했습니다. 어머니의 배웅을 받으며 우리끼리 기차를 타고 갔어요. 쇼와 30년(1955년)부터 40년(1965년) 즈음 역에 가보면 기차에서 파는 도시락을 차곡차곡 넣은 나무 상자를 어깨에 끈으로 메고 다니며 파는 아저씨가 있었습니다. 기차가 플랫폼에 도착해 발차하기 전까지의 잠시 동안 큰 소리로 외치면서 여기저기 다니며 도시락을 파는 겁니다. 승객들도 창문을 열고 몸을 내밀며 주문하기도 하고, 승강구 발판에서 뛰어 내려와 매우 다급한 기세로 여러 개를 사 가기도 하던 풍경이 떠오릅니다.

그 무렵 기차 도시락에 곁들여져 나오던 것이 작은 주전자 모양으로 구운 두툼한 도자기에 담은 차였습니다. 거꾸로 뒤집은 다완을 뚜껑 대신 덮어주는데, 그 다완에 차를 부어내는 것이 어린 마음에 그렇게도 뿌듯했던 기억이 생생합니다. 집에서 차를 우리는 것은 늘 어머니였는데, 작은 그릇이긴 하지만 소꿉놀이가 아니라 진짜 차를 내 손으로 우린다는 것이 조금은 언니가 된 듯한 기분이어서 그랬던 것 같아요.

조부모님이나 아버지가 여행을 떠났다 돌아오는 길에 가져온 기차 도시락에 곁들여진 차의 주전자는 더할 나위 없는 기념품으로, 어린 제게는 집에 있던 셀룰로이드 소재의 소꿉놀이 세트보다도 매우 고급스러워 보였습니다. 그러나 도자기 재질의 주전자는 점차 자취를 감추고, 폴리에틸렌으로 만든 반투명 용기가 그 자리를 대신했습니다. 도자기 주전자는 무겁기도 하고 깨지기도 쉬우니, 기차 도시락을 파는 아저씨들 입장에서는 가벼운 폴리에틸렌 용기로 바뀐 것이 훨씬 좋았겠지요. 가볍고 말랑말랑한 재질인 탓에 차를 담으면 잘 엎어지게 생겨,

철사 손잡이를 달아 걸어둘 수 있게 되어 있었습니다. 다만 이 용기는 차를 다 마시고 난 뒤에는 스케치를 할 때 물통이나 필세(붓을 빠는 그릇)로 쓰기에 마침맞아 정말로 편했답니다.

되돌아보면 제가 어렸을 때부터 어른이 될 때까지의 긴 시간 동안, 밖에 나갔을 때 차를 사서 마신 기억은 이 기차 도시락에 딸려 나오는 차 정도였던 것 같아요. 고등학생 때 학교 매점에 우유와 청량음료는 있었지만 일본차는 물론 우롱차도 없었습니다. 그런데 지금은 밖에서 차를 마시고 싶을 때 사람을 찾을 것도 없이 자동판매기에서 페트병에 담은 녹차 음료를 뽑는 것이 자연스러운 광경이 되었습니다. 겨우 20년 정도만에 말이지요.

앞에서 이야기했던 것처럼 우리 아버님이 도쿄에서의 직장인 생활에 종지부를 찍고 교토의 본가에 내려와 일본차를 파는 장사에 뛰어든 것이 쇼와 57년(1982년) 봄, 캔에 담은 우롱차가 시중에 막 선을 보이기 시작하던 무렵이었습니다. 뒤이어 쇼와 60년(1985년)에는 캔에 든 일본차가 출시되어, 엄청난 기세로 시내 곳곳 자동판매기 안에 자리 잡으며 주스, 콜라와 나란히 놓이게 되었습니다.

　캔에 든 차가 세상에 나오고 5년쯤 지나자, 이번에는 페트병에 든 녹차가 출시되었습니다. 그 이래로 대기업에서 다양한 종류의 페트병 차 음료를 개발하고 시장에서의 경쟁을 거치며, 청량음료 분야에서 일본차가 차지하는 점유율이 급격히 높아졌습니다. 그 전까지 밖에서 사 마시는 음료는 대부분 단맛이 나는 것이 보통이었는데, 건강을 추구하는 흐름 속에서 무당 음료를 찾는 소비자가 늘어난 것도 여기에 한몫을 한 것으로 보입니다.

　제가 대학생이었을 때 미국 브랜드의 햄버거 가게 1호점이 일본에 생겼습니다. 그때 보고 놀랐던 점이, 차가운 음료를 뚜껑이 있는 가벼운 용기에 담아주어 가게 밖으로 들고 나가기 쉽게 한 것이었습니다. 걸어다니며 마셔도 흘릴 걱정이 없고, 천천히 즐기면서 마실 수 있다는 것, 저에게는 굉장히 신선한 충격이었어요. 그 후 미국 커피숍 체인들도 많이 들어왔습니다. 가게에서 막 만들어낸 뜨거운 음료를 들고 나와 밖에서 마실 수 있으니 그렇게 편리할 수가 없고, 자동판매기에서 뽑은 음료보다 몇 배나 맛있게 마실 수 있구나 생각했어요.

2~3년 전부터 우리 가게 직원들 안에서도 일본차 역시 가게에서 차를 우린 다음 뚜껑이 있는 용기에 담아주면 손님들이 어디서든지 마실 수 있지 않겠느냐는 의견이 나오고 있습니다. 마침 그 무렵 차 업계에서 쓰는 차 봉투 같은 자재를 취급하는 회사에서 전국에 있는 차 가게 앞에 '차 드리는 곳'을 마련해 일본차에 대한 수요를 새롭게 환기하자는 취지의 활동을 시작했습니다. 그 회사는 또한 보온병 제조업체와도 제휴를 맺어, 손님이 자신의 보온병을 지참해 차 가게에 오면 그 보온병 안에 차를 담아서 주는 서비스도 홍보했습니다.

우리 가게도 이러한 움직임에 찬동해 가게 앞에 '차 드리는 곳' 간판을 걸고, 손님들에게 차를 우려주는 서비스를 시작했습니다. 가게 안에 있는 다방 공간에서 손님에게 차를 우려주는 것은 익숙했지만 뚜껑이 있는 용기에 담아서 제공하는 것은 처음 해보는 시도여서, 어떤 차를 메뉴에 넣을지 뜨겁게 낼지 차갑게 낼지 등등 여러 실험을 반복한 끝에 시작했어요. 실제로 해보니, 의외로 손님들이 부담 없이 즐겨주셔서 정말로 기뻤습니다. 차를 우리는 모습을 가급적 손님들이 직접 보실 수 있게끔 신경을 써서, 집에서도 간단히 차를 우릴 수 있다는 점을 알리는 좋은 기회로도 활용했습니다. 센차, 호지차, 현미차 등 다양한 차를 준비해두는데, 최근에는 맛차도 뚜껑이 있는 용기에 담아 내어드리게 되었습니다. 더운 여름에는 얼음을 넣어 차갑게 드립니다. 손님들이 가져오는 '마이보틀(물병)'에 차를 담아드리는 빈도도 조금씩이지만 늘어나고 있습니다.

집에서 차를 우려내 가지고 다니는 습관도 점차 퍼지고 있는 추세지만, 밖에서 페트병 차를 사는 것 말고도 '차 드리는 곳'에서 막 우려낸 차를 구입해 뚜껑 있는 용기나 자신의 물병에 담아가는 방법도 있습니다. 이렇게 뚜껑 있는 용기에 담아드리는 차를 우리들은 '테이크아웃 차'라 부르지만, 미국 뉴욕에 있는 우리 지점에서는 'to go'라는 이름으로 판매하고 있어요. 'For here or to go?(여기서 드시고 가세요, 아니면 가지고 가세요?)'에서 온 말입니다.

한마디 덧붙이자면 이 역시 영국 등지에서는 'take away'라고 한다고, 해외로 출장을 자주 다니는 우리 직원이 알려주었습니다. 영어 표현도 참 가지각색입니다.

차 보관하기

데라마치 도리에서 포렴을 지나 우리 가게에 들어서면, 왼쪽 벽에 커다란 다호가 서른 개쯤 늘어서 있는 것을 볼 수 있습니다. 시가라키와 단바 지역에서 구운 자기로 지름과 높이가 거의 같은 형태인데, 옛날에는 이 다호에 차를 보관해두고 손님에게서 주문을 받으면 그만큼 계량해 팔았다더군요. 다호의 정면에는 차명을 기입한 종이가 붙어 있었던 자국이 남아 지금도 볼 수 있습니다. 물론 지금은 그저 장식용으로, 다호 안에 차를 넣어두지는 않습니다.

막부 시대 말기에서 메이지 시대 초기까지, 일본차가 수출 상품으로 각광을 받던 시기가 있었습니다. 요코하마와 고베에서 미국으로 차들을 계속해서 실어 보냈습니다. 장기간의 여행을 견딜 차를 넣어두는 용기는 도자기 재질의 다호였다고 해요. 다호라 해도 우리 가게에서 장식용으로 놓아둔 것과는 다르게 높이가 더 있어 가늘고 긴 형태였다지요. 그 후 쉽게 파손되는 도자기를 대신해 나무 상자 안쪽에 양철을 깐 '다궤(茶櫃)'가 고안되었다고 합니다.

　그렇다면 일반 가정집에서는 찻잎을 어떤 곳에 보관했을까요. 재작년에 남편이 에도 도쿄 박물관에서 열렸던 '모스 컬렉션' 전시회('메이지 시대, 모스가 본 서민의 삶')의 도록을 구해온 적이 있습니다. 미국에서 온 에드워드 모스는 오오모리 패총을 발견한 사람입니다. 도록에는 모스가 가지고 있었던 개봉하지 않은 '차 캔'이 실려 있었습니다. 남편은 "600그램짜리 캔일 거야."라더군요. 옛날 차를 계량하던 단위는 '근'으로, 1근(160돈)이 거의 600그램에 해당합니다. 이른바 '차 캔'은 그 절반인 300그램, 80돈 정도입니다. 지금 우리 가게에서는 50그램이나 10그램 단위로 포장한 차 봉투도 준비해두고 있어요. 유통기한, 그리고 가족 구성원이 줄어든 상황을 고려해 가급적 작은 단위로 구입하길 권하고 있기 때문입니다. 어쨌든 메이지 시대에도 차를 캔에 넣어 보관했다는 것을 확인할 수 있습니다. 우리 가게 안채의 천장 가까이에도 '잇포도'라 적혀 있는 차 캔들이 죽 늘어서 있어요. 손잡이가 달려 있는 커다란 검은색 차 캔들입니다. 다호에 다 넣지 못한 차를 여기에도 보관했을 것으로 생각됩니다.

일반적인 맛차의 판매 단위는 물론 차 가게에 따라 다르긴 하나 1캔에 30그램이나 40그램입니다. 깔끔하게 50그램 혹은 100그램 단위로 판매하는 센차나 교쿠로를 생각해보면 조금 의아한 단위지요. 이는 찻자리에서 쓰는 다기(나쓰메[29])에 들어가는 맛차의 양이 1근(160돈, 600그램)의 16분의 1 정도인 10돈(37.5그램)쯤 되는 것과 것과 관련이 있습니다. 계량법이 제정되어 더 이상 10돈이란 단위를 쓰지 않게 되었을 때, 뒷자리는 떼어버리고 판매하게 되었기 때문이라 생각돼요.

"벽장을 정리하다 보니 3년 전에 선물로 받고는 아껴서 놓아두었던 잇포도의 센차가 나왔어요. 개봉을 하진 않았는데,

---

29 모양이 대추를 닮아 일본어로 대추를 뜻하는 '나쓰메'란 이름이 붙은 작은 나무 통으로, 찻자리에서 연한 차를 담을 때 주로 쓴다.

먹어도 될까요?" 같은 문의를 받을 때가 있습니다. 캔에 든 차를 개봉하지 않았다면 괜찮으리라 여기는 분들이 꽤 많을 듯싶어요. 찻잎의 색은 그대로인 것처럼 보여도, 막상 차를 우려보면 투명한 황금빛이 도는 물색이 아니라 적갈색을 띠고, 본래의 향과 맛을 즐길 수 없기 마련입니다. 밀봉해두면 괜찮다고 생각하기 쉽지만 공기 중에 있는 산소의 영향을 조금씩 받아 산화가 진행되며 점점 품질이 떨어지게 됩니다.

제가 시집온 30여 년 전쯤, 봉투에 넣은 상품은 일반적인 종이봉투를 비닐봉투에 싼 이중 봉투에 찻잎을 담고 종이로 만든 '빔지'로 묶어놓은 것이었어요. 물론 탈산소제나 질소 같은 것도 쓰지 않은, 밀봉과는 거리가 먼 것이었습니다. 당시 백화점 진열대에 상품을 쌓아두고 있으면 그 앞을 지나다니는 손님들이 "좋은 향이 난다"고 했다고들 해요. 그 정도로 차의 향기를 외부에 방출하며 판매했는데, 당시에는 그것이 당연한 것으로 여겨졌지만 지금으로선 생각할 수 없는 일이지요. 현재는 밀폐 성능이 좋은 봉투에 탈산소제와 질소를 봉입해 차의 품질이 떨어지지 않도록 상품을 제조합니다만, 시간이 지나면서 산화의 영향을 완전히 차단하기란 불가능합니다.

맛차와 교쿠로는 새싹이 돋아날 때부터 찻잎을 딸 때까지의 사이에 차밭 전체에 차광막을 덮어 햇빛을 차단한 상태로 싹을 키웁니다. 이렇게 햇빛을 차단한 차밭에서 재배한 이 두 차는, 여름을 보내고 가을에 접어들었을 때부터 마시면 맛이 한층 살아납니다.

다도의 세계에서는 11월이 되면 그 해 5월에 만든 엽차(맷돌에 갈아서 맛차를 만들기 전 단계인 덴차)를 다호에서 처음으로 꺼내어, 맷돌로 갈아서 맛을 보는 '개봉 다사'를 엽니다. 그야말로 차가 맛있어지는 철에 맞추어 진행되는 이 행사는 매우 타당한 것이라 할 수 있지요. 5월을 상징하는 풍경인 '신차', 신차로 즐길 수 있는 차는 센차입니다만 이를 그대로 보존해둔다고 해서 감칠맛이 더해지지는 않아요. 차광막을 덮은 차밭에서 재배한 맛차와 교쿠로만이 시간이 흘러가는 동안 '산소'와 훌륭하게 합동 작업을 펼쳐 감칠맛이 두드러집니다. 그런데 숙성되면서 감칠맛이 더해지는 것과 공기 중에 있는 산소의 영향을 받아 품질이 저하되는 것은 별개입니다. 조절을 잘할 수 있다면 매우 훌륭한 결과물이 나오겠지만 그것은 일단 불가능에 가깝고, 우리가 할 수 있는 것이란 저온에 보관해 품질 저하를 최대한 늦추는 것뿐입니다.

요즘 시중에 나와 있는 차들은 옛날에 비하면 현격히 좋은 품질을 오래 유지합니다. 댁에 차를 사 가시는 손님들께도 일단 봉투를 개봉한 차는 햇빛이나 난방 등으로 인한 온도 변화가 적은 냉암소에서, 상온에 보관하시도록 권해드립니다. 장기 여행 등으로 집을 비우는 동안에는 그 기간에만 비닐봉투 등을 이중으로 싸서 냉장실보다는 냉동실에 넣어두는 것이 좋습니다. 의외로 냉장실은 각종 냄새들의 창고여서, 봉투 자체에 냉장고 냄새가 배는 경우가 많기 때문입니다. 집에 선물로 받은 차가 많다 하는 분들에게도, 개봉 전이라면 마찬가지로 냉동실에 보관하기를 권해드려요. 그런데 한 번 냉동실에서 꺼낸 것은 가급적 빨리 마시는 게 좋습니다. 냉동실에 여러 번 넣었다가 꺼냈다가 하면 습기의 영향으로 품질이 저하되기 쉽거든요.

봉투에 담은 차도 지금은 포장재의 품질이 좋아졌으므로, 입구 부분을 돌돌 말아서 클립 같은 것으로 고정해 보관해도 됩니다. 제대로 입구를 막은 다음 캔이나 밀폐용기에 넣어둔다면 더욱 좋을 거라 보고요.

공기가 통하지 않게 막아주는 것은 예로부터 주석 캔이 제일이라고들 했지만 최근에는 차통을 전문적으로 취급하는 가게에서 구리나 은, 양철을 이용해 제대로 만든 캔도 있습니다. 공기를 잘 막아준다면 차를 바로 넣어두는 편이 실제로 차를 우릴 때도 편할 거라 생각해요.

그렇지만 어떤 차든 구입 후에 차의 감칠맛을 더한다는 것은 불가능합니다. 집에 차가 있다면 가급적 빨리 드시는 것이야말로 차를 맛있게 즐길 수 있는 비결입니다.

다사의 즐거움

지금으로부터 20년도 더 된 일입니다. 오사카의 강이 보이는 맨션에 살고 있는 우리와 같은 세대의 독신 남성 지인이 '다사(茶事, 차지)'에 초대해주셨어요. 교토에 있는 친한 분들끼리 함께하는 편한 자리이니 오세요, 하기에 기꺼이 받아들였지요. 그 지인분은 평소 다도 연습을 하진 않았지만 과자와 요리, 서예에 조예가 깊은 분이었어요. 그 무렵의 저는 아직 차에 대한 제대로 된 연습을 시작도 하기 전으로, 다사에 대해서 백지라 해도 좋을 만큼 정말 아무것도 모르던 상태였습니다.

강을 따라 지어진 맨션 입구의 반대편으로 난 창문을 안쪽에서 바라보면 강이 흘러가는 것이 보였습니다. 입구에 들어서

면 먼저 화장실 세면대의 수도꼭지 아래로 검은 돌이 깔려 있
는데, 손을 씻는 물그릇 역할을 하는 것이었습니다. 안으로 들
어가니 원래 주방이었을 공간에 간단한 칸막이를 세웠고, 그
앞 테이블에 작은 텔레비전이 놓여 있었습니다. 텔레비전에서
는 영화 〈우게츠 이야기(雨月物語)〉의 한 장면, 강의 수면이 넘실
넘실 흘러가는 장면이 소리 없이 반복 재생되고 있었어요. 그
영상은 다실에 들어가기 전 기다리는 곳에 있는 족자를 대신하
는 것이었겠지요. 잠시 거기에 있다가 식탁으로 이동해, 맛있
는 파스타를 대접받았습니다. 친분이 있는 이탈리안 셰프가 바
로 앞에 있는 주방에서 직접 만들어주셨어요. 이것이 '가이세
키' 요리였습니다. 베란다에 나가서 밖을 조망하고, 그 베란다
를 통해서 옆방으로 들어갔어요. 벽 쪽의 목제 선반에는 작은
직사각형 액자가 있는데, 거기에는 붓으로 써서 묵흔이 선명한
글자가 가로로 늘어서 있었습니다. 프랑스어로 '강은 흐른다'는
의미가 쓰여 있다고 설명해주시더군요.

　다다미 위에 놓인 전기밥솥에서 물이 끓자, 손님에게 차를
내는 예식이 시작되었습니다. 곁들이는 과자로는 또 다른 지인
이 해병 모자와 바퀴 모양 튜브를 모티프로 삼아 직접 만들었

다는, 입에서 사르르 녹는 쿠키와 설탕과자가 나왔습니다. 맛차를 마시는 것으로 그 '다사'는 마무리되었습니다. 현관에서 인사를 나눈 후 아래로 내려오자, 바로 근처의 선착장으로 안내해주시더군요. 대기하고 있던 모터보트가 요도야바시까지 금세 데려다주었습니다.

일반적인 다사를 경험한 적도 없었던 젊은 우리들은 흥분하긴 했지만 순서를 따라 어찌어찌 이렇게 하고 집에 돌아와 부모님께 설명하는 것이 고작이었습니다. 새삼 얼마나 훌륭한 대접을 받은 건가 하고 감탄한 것은 시간이 어느 정도 지나서였어요. 되돌아보면 볼수록 다도에서 주인을 맡았던 그때 그 지인의 사소한 것 하나까지 신경 쓴 배려와 연출에 압도될 것 같아집니다.

최근에는 다회에 갈 기회가 한 달에 몇 번씩 있습니다. 많은 고객들과 넓은 회장에서 함께 연한 차만 마시는 경우도 있지만, 다실로 준비해둔 공간에 겨우 다섯 명에서 열 명 정도가 들어가 주인 역할을 맡은 분에게서 다구 이야기를 듣는 것은 정말로 즐거운 경험입니다.

그날 열리는 다회의 테마에 따라서, 주인이 어떤 다구를 쓸지 생각해 준비합니다. 다도의 세계는 매우 심오하다고들 하는데, 이 주인의 생각을 이해하기 위해 필요한 지식과 경험이 너무도 폭넓고 매우 다양하게 뻗어 있어 그런 것이 아닐까 생각해요. 마루에 거는 족자에 쓴 글자의 의미, 그것을 쓴 방식, 그것이 쓰인 시대 등을 이해하지 못하면 진정한 주인의 생각을 알 수 없습니다. 꽃병에 꽂아놓은 꽃의 이름, 꽃병을 만든 사람, 꽃병에 새겨놓은 제작자의 이름, 장식해놓은 향 그릇, 솥과 물 주전자, 꽃병과 다완, 다도에서 쓰는 모든 도구마다 그 테마와 이어지는 의미가 있습니다. 무엇이든 손 안의 카메라로 찍어두는 시대입니다만, 그 자리에 카메라를 가지고 오는 것은 멋을 모르는 것입니다. 지금의 저는 주인의 해설을 들어도 그 의미를 몰라서 금방 다 잊어버리고 말지만, 어떻게든 그 단어를 하나둘 기억하고 집으로 돌아와 사전이나 책을 찾아 다시금 확인해볼 수 있다면 쾌재를 부르지요.

그러나 다도를 배운다는 것은 단순히 그 모든 행위를 마스

터하는 것만이 목적이 아닙니다. 다회에서 손님에게 차를 내는 예법 속에 펼쳐지는 대화와 이때 쓰는 도구들을 포함한 종합적 문화예술 활동의 극히 일부분을 차지하는 모든 행위를 마스터하는 것만도 매우 어려워, 배우면 배울수록 더욱 공부해야 할 것이 산처럼 가득하다는 사실을 통감하게 됩니다. 연습을 반복해서 하고 있는 저에게 다도 선생님은 늘 손님에게 차를 내는 하나하나의 행위는 언젠가 다사라는 자리에서 실제로 발휘하면서 체험해야 하는 것이라고 말씀하셨어요. 물론 선생님이 말씀하신 다사는 다도의 정식 규칙을 따른 '정오의 다사(正午の茶事)' 같은 것을 이릅니다.

고백하자면 2014년 가을, 저는 다사의 주인을 맡게 되었습니다. 마침 환갑에 맞춰 이름(茶名)을 받아서[30], 그것을 선보일 겸 또 철이 철이니만큼 '개봉'도 하게 되었어요. 손님으로 맞이한 분들은 평소 함께 다도를 배우는 동료들이었고, 장소도 다도 선생님 댁에 있는 다실을 빌렸습니다. 서로 잘 아는 분들을 손님으로 모셨다는 점에서는 부담이 적었지만, 그럼에도 꽤 긴

---

30 다도를 배울 때, 다도 선생이 모든 것을 전수하고 나면 제자에게 이름을 붙여주는데 이를 '차메이(茶名)'이라고 한다.

장되었습니다. 반년도 더 전에 다사를 개최할 날짜를 잡은 이후 다사의 테마를 생각하며 다구를 어떻게 배합하는 게 좋을지, 다른 일을 하면서도 머릿속 한구석에서는 항상 그 생각이 떠나지 않았습니다.

제 선에서 준비할 수 있는 도구, 선생님에게 빌려야 할 도구도 있었지만 무엇보다 도구의 배합을 생각할 때 그 안에 '스토리'가 없으면 안 된다는 선생님의 조언에 굉장히 고심했어요. 도구의 배합을 생각하다가 커다란 벽에 부딪치고, 지금까지의 저 자신을 돌아보았습니다. 남편과 만나고 차를 판매하는 집안에 시집을 와서 시어머니 시아버지와 함께 살던 시절에 있었던 이런저런 일들을 떠올리면서, 그에 얽힌 에피소드들을 도구 하나하나에 연결해보게 되었어요.

이렇게 고민하면서 생각을 해나가자니, 동일한 것이어도 뜯은 단면이나 잡아맨 각도에 따라 다양한 표현이 가능하다는 것을 다시금 깨닫게 되었습니다. 마루에 걸어둔 족자 하나하나에도, 어째서 그것을 선택했는지 생각해보면 자연히 이야기가 만들어집니다. 그것도 뚝뚝 끊어진 이야기가 아니라 일관된 테마가 흐르는, 다른 누구도 아닌 나 자신을 표현하는 이야기가 되어갑니다.

　시어머니는 이 집에서 태어나, 어렸을 때부터 우라센케의 이구치 가이센 선생님 밑에서 계속 다도를 배웠습니다. 시어머니가 이름(茶名)을 받았을 때 이구치 선생님이 주셨던 족자를, 이번 다사에서 다실에 들어가기 전 기다리는 곳에 배치했습니다. 크기가 제각각인 조롱박 세 개가 그려져 있고 '삼한(三閑)'이라 쓰여 있는, '세 조롱박'이라는 제목의 족자입니다. 함의 뚜껑 안쪽에는 이구치 선생님이 "꽃 좋고 달 아름다운데 눈 더더욱 좋구나"라고 써주신 글이 있습니다. 3년 전에 돌아가신 시어머니는 50대 중반부터 무릎이 안 좋아지셔서, 다도 연습은 그 이후 하지 않으셨어요. 이 족자는 시어머니를 포함해 세 명이 동시에 이름을 받아서, 다 같이 그것을 선보일 겸 다회를 열었을 때 받은 것이라 들었습니다. 지금 생각해보면 그때의 여러 이야기를 좀 더 많이 들어두었으면 좋았을 것을, 하는 후회가 들지만 어디에선가 시어머니의 "너도 열심히 하고 있잖니." 하는 밝은 목소리가 들려오는 것 같은 기분도 들어요.

　다실에 들어가기 전 기다리는 곳에는 아무것도 넣지 않고 끓인 물을 담은 찻잔을 두어 입안을 깔끔하게 헹구게 했습니다.

　주요 공간인 마루에는 에도시대 후기, 다도 문화의 성지인 다이토쿠지라는 절의 승려 주호소우가 썼다는 '다도의 멋(茶味)'이라는 가로로 긴 족자를 걸었습니다. 굉장히 심오한 단어로 '차의 맛'이라는 문자 그대로의 의미는 물론이거니와 제게는 인생의 맛이란 뜻으로도 읽혀 그 맛도 변화해간다는 것, 점점 나도 그 맛을 볼 수 있게 된 걸까…… 같은 생각들을 떠올리게 됩니다.

　정식 다사는 한 달 전에 초대한 손님들에게 각각 편지를 보내 안내하는 것부터 시작됩니다. 두루마리에 붓으로 쓴 편지입니다. 날씨에 대한 인사부터 시작해 다사의 대략적인 의미, 날짜와 장소. 그리고 초대한 모든 사람의 이름도 알려드립니다. 그러고 나서 잠시 있으면 손님 측에서도 붓으로 답장을 써서 보내옵니다.

　'개봉'은 차의 세계에서 정월이라 불리는 11월에 행하는 다사의 하나로, 진한 차의 잎(덴차)를 담은 다호는 입구를 막고 그물망으로 싸서 방의 바닥을 조금 높여 꾸며둔 곳(도코노마)에 장식해둡니다. 다호를 그물망에서 꺼내어 확인하고 모두에게 보여드리면서 시작합니다. 다호의 입구 덮개와 함께 안에 어떤 차가 들어 있는지 기입해놓은 '차입 일기'도 마찬가지로 차례차례 돌려서 보여드립니다. 한 바퀴 돌아서 다호가 돌아오면 모두의 앞에서 제가 작은 칼로 봉인을 자르고 뚜껑을 엽니다. 그러면 먼저 (진한 차용을 감싸듯이 하며 바깥쪽에 채워둔 연한 차용) 덴차가 보이는데, 이것을 '깔때기(조고)'라는 나무로 만든 그릇에 부어 담습니다. 그러면 작은 종이봉투에 담아놓은 진한 차 꾸러미의 머리 부분이 드러납니다. 종이봉투 바깥쪽에 붙어 있는 마개를 떼고 그 종이봉투를 꺼내, 뚜껑이 달린 옻그릇(히키야)에 나누어 담습니다. '깔때기'에 꺼내놓은 덴차는 '채움(諸)'이라고 쓰인 히키야에 담고 뚜껑을 덮습니다. 필요한 만큼을 제외한 덴차를 다호에 다시 담고, 가늘게 자른 일본 종이로 입구를 봉합니다. 대나무 주걱을 이용해 종이에 풀을 발라 다호 입구에 붙입니다. 그리고 마지막으로 제 도장을 찍어 봉인하는 것으로, 이 개봉 절차는 일단락됩니다.

그 후 숯 예식을 하고 가이세키 요리를 내오는 동안, 그 옆의 주방에서 도우미 분이 이 덴차를 맷돌에 갈아주면 그것을 진한 차로 우립니다. 맹장지 사이로 들려오는, 맷돌을 가는 '샤악샤악' 소리에 귀를 기울이면서 운치를 즐기고 가이세키 요리를 냅니다. 가이세키 요리를 대접한 후에 이어서 진한 차에 곁들일 과자를 냅니다. 주과자로는 화과자집 '주코(聚洸)'에 주문한 가을빛 오다마키 긴톤을 준비했어요. 그러고 나면 손님들은 중간 휴식으로 다실을 일단 나가고, 그 사이에 자리를 정리합니다.

이 15분 정도의 짧은 휴식 시간 동안 실내를 깨끗이 하고 마루에 걸어둔 족자를 정리한 후, 그 대신 벽에 한 번 자른 대나무로 만든 화병을 걸고 꽃을 꽂습니다. 평소 제가 가게와 응접실에 꽃을 꽂고 관리하고 있으면서도, 짧은 시간에 이것저것을 하려니 마음이 여기저기 휘둘리며 좀처럼 진정되지 않았습니다. 미리 준비해두었던, 곱게 단풍이 든 조팝나무 가지와 세이오보(西王母) 동백나무를 잘 섞어서 꽂았습니다. 처음에 동백나무 가지에는 잎이 8장 정도 달려 있었는데, 선생님께도 보여드리면서 불필요한 잎은 떼어버렸어요. 자칫 필요한 잎도 떨어뜨리게 될까 봐 가위를 든 손이 떨렸습니다.

그다음에는 아까 봉인했던 다호를 그물망에서 꺼내고, 다실 옆 주방을 담당한 사람이 나가오[31]와 지오[32]를 이용해 '진(眞)·행(行)·초(草)' 매듭으로 다호를 잘 묶어주면 그것을 마루에 장식합니다. 이렇게 주요 공간의 준비가 끝나면, 주인이 악기로 시간을 알리는 행위로써 다실에서 징을 쳐서 손님들에게 알립니다.

손님들이 다시 다실에 들어오면 드디어 오늘의 메인이벤트인 진한 차를 내는 예식이 시작됩니다. 5인분의 진한 차를 다완 하나에 만들려면 찻숟가락으로 대략 15숟갈의 맛차를 우린다는 이야기가 됩니다. 사실은 이 날을 위해서 그 전에 직원들을 대상으로 여러 번 연습을 해봤어요. 다실 옆 주방에서 가볍게 5인분을 우린 적은 있어도 너무 진하지 않게, 그렇다고 너무 연하지 않게, 다른 사람들 앞에서 만들기란 저에게 너무도 어려운 일이었습니다. 어찌어찌 진한 차를 우리는 예식을 마치고, 살짝 잦아든 불에 다시 숯을 넣어주는 고스미(後炭)라는 예식을 하고, 이어서 연한 차를 우리는 것으로 다사는 끝이 납니다.

이렇게 손님을 맞이하는 것부터 도구를 챙기고 다실을 준

---

31 다호 입구의 덮개 위로 다호 목둘레를 조여서 묶는 긴 끈
32 다호에 나 있는 고리에 꿰는 끈

비하는 것에서 가이세키 요리, 차를 내는 예식까지 모든 것을 원래라면 주인을 맡은 제가 다 해야만 합니다. 이번에는 선생님의 조언을 받아가면서 같이 다도를 배우는 동료에게 그릇 씻는 도우미를 부탁하고, 가이세키 요리는 친하게 지내는 주문 배달 요릿집에 맡기며 겨우 해낼 수 있었습니다.

다사를 한다는 것은 연출가 겸 독무대에 오른 배우로서, 무대에서는 손님들을 위해 움직이는 것이라고도 할 수 있어요. 물론 모든 것이 순조롭게 잘 되지만은 않지만, 정해진 규칙 안에서 도구에 대해서나 생각을 여쭈는 타이밍도 중요합니다. 손님도 주인도 아직 배우는 중인 우리들이다 보니, 그리 타이밍 좋게 주고받는 것이 되지는 않았어요. 연습으로 하는 다사였기에 중요한 상황에서는 선생님이 순서를 알려주시거나 "여기에서는 이렇게 물어보면 좋아요." 하고 조언을 해주셨어요. 그래도 긴장되는 분위기는 계속해서 이어졌습니다.

개봉 예식을 했을 때까지는 다실 내부도 아직 좀 썰렁하더니, 숯 예식을 하며 불이 제대로 피어오르자 커다란 솥도 그에 따라 부글부글 끓어올랐습니다. 선생님이 이것도 다 공부니까, 하셔서 진짜로 주방에서 맷돌로 간 차를 진한 차로 우렸습니다. 우리 가게에서 팔고 있는 맛차는 좀 더 곱게 갈려 있는 것이지만, 다실 옆 주방의 맷돌로 간 맛차는 아무래도 조금 굵게 갈아졌습니다. 그래도 우려보니 그만큼 덩어리는 잘 지지 않고, 미묘하게 까슬까슬한 느낌의 진한 차가 되었습니다. 연한 차를 마시는 자리에 내는 마른 과자(히가시)로는 화과자집 '가메야이 오리'에 부탁해 환갑에 어울리는, 붉은빛이 도는 눌린 게와 녹색 꽈배기엿을 준비했어요.

우리 가게에서는 10월쯤부터 '개봉 다사'를 해주실 선생님들에게서 다호를 받아 보관합니다. 다호에 들어가는 차에 대해서는 '차입 일기'를 쓰듯이 5월에 수확한 날짜 등을 적습니다. 우리 직원이 다호에 차를 담는데, 우리가 채웠다는 뜻으로 '잇포도 채움'이라는 도장을 찍어둡니다만 그와 동일한 표시를 하고 '차입 일기'를 제작하는 것은 항상 제 몫입니다. 손님들의 손에 건네 떠나보내는 것들을 이런 자리에서 새삼스레 눈여겨보는 것은 조금 부끄럽기도 합니다. 좁은 공간에서 실제로 차를 우리는 예식을 해보니, 예식을 하면서 여러 가지 마음을 담아 준비한 도구에 대해 잘 설명하는 것이 지금의 저에게는 불가능한 일이었습니다. 단지 동일한 한때를 같이 보낸 손님들이 사소한 것이라도 마음에 담아주신다면 기쁘겠다고 생각했습니다. 뭔가 알 수 없는 겸허한 기분이 들어, 말로 표현하기 힘든 매력을 느꼈습니다.

그러고 보니 35년 이상 지난 이야기입니다만, 우리 부부의 결혼식 때도 시아버지의 제안으로 두 사람이서 케이크 커팅 대신 다호 개봉을 했습니다. 정작 신랑신부는 다호를 개봉하는 의미조차 전혀 이해하지 못한 상태에서 무엇을 어떻게 하면 되는지도 몰라서 내내 서 있기만 했지요. 우리 옆에서 도와주셨던 배식 담당자 분이 "먼저 덮개를 떼세요." 하고 이야기해주어 덮개가 뭔지도 모르면서 그 자리에서 했다는, 지금 생각하면 정말로 창피한 기억입니다. 그런 옛날 일들을 떠올리면서, 어찌어찌 이번 다사를 무사히 끝낼 수 있었습니다.

다도 연습

　다도 선생님들은 어느 정도 나이가 드신 분들이라 해도 정말로 건강한 분이 많은 것 같아요. 이런 말씀을 드리니 "아무래도 맛차가 건강에 좋아서겠지요."라는, 차 가게로서는 너무도 과분하게 감사한 말씀을 해주신 적이 있습니다. 물론 맛차에는 비타민C를 비롯해 건강에 좋은 성분들이 많이 함유되어 있지만, 건강만을 위해서 약처럼 마시는 것도 아니니까요. 건강한 데는 그 외에도 다른 이유가 있지 않을까 하는 생각이 듭니다.

　지난번에 다회에서 함께 기다리며 이야기를 나눴던 선생님도 쇼와 2년(1927)생이라 하시면서도 귀도 여전히 잘 들리시는 듯했고, 기모노 차림에 정좌를 하고 앉은 꼬장꼬장한 느낌의 왜소한 여성분이었어요. 방 한가운데에 놓인 커다란 화로에는 숯불이 활활 타고 있고, 모두가 화로를 둘러싸고 앉았습니다. 잘 타고 있는 숯 옆에는 보충용으로 검은 숯 세 개가 놓여 있고, 재에는 기다란 부젓가락이 꽂혀 있었어요. "숯이 잘 타네요. 보신 분은 이걸 넣어주시면 돼요." 하고 옆에 놓인 숯을 보며 이야기해주시더군요. 그때까지 고요하게 가라앉아 있던 방의 분위기가 단번에 숯 이야기로 떠들썩해졌지요. 세계대전이 발발하기 전, 이 선생님이 아직 어렸던 시절의 "옛날에는 가스 같은 게 없었잖아요. 뜬숯이랑 작은 나뭇가지를 오래된 신문 위에 놓고 먼저 불을 피우는 것……이 아침에 제일 먼저 하는 일이었어요." "밥을 짓든 뭘 하든 간에 이 불이 있어야 하니까요." 같은 이야기도 들었습니다. 그렇지만 지금은 다실에서 숯을 사용할 수 없을 정도로, 공기가 잘 통하지 않게 막혀 있는 건축물도 있습니다. "저도 다도 연습에서 숯 예식을 하고 나면 바로 창문을 열어서 환기를 시키게끔 하고 있어요. 그러지 않으면 일산화탄소 중독이 되어버리니까요."라고 하시더군요.

어쩌다 보니 건강하신 비결이 뭔가요…… 하고, 제가 말을 꺼내고 말았어요.

"규칙적인 생활, 그리고 목욕 후에 제 나름대로 체조를 해요. 귀찮을 때도 물론 있어요. 그치만 그럴 때는 착착 생략하면서…… 어쨌든 일단은 무조건 해요. 뭐가 되었든 꾸준히 하는 것이 중요하지요." "집에 텔레비전은 없어요. 시간을 뺏겨버리잖아요. 집안일을 하면서 라디오를 듣는 것으로 충분해요. 물론 휴대전화도 없어요." 차에 관련된 것뿐만이 아니라 하루하루 살아가는 생활 속에서 여러 가지 생각과 나름의 방법들을 떠올리고 실제로 해나가는 모습을 엿볼 수 있었습니다. "다도 연습에서 젊은 사람들을 가르쳐주는 것도 좋은 것 같네요. 어렸을 적의 옛날이야기를 해주면 젊은 사람들이 더 이야기해달라며 다가온다니까." 하고 어깨를 움츠리며 생긋 웃는 얼굴로 이야기해주셨어요.

우리 가게에서는 직원 교육의 일환으로, 대단하지는 않지만 사내에서 다도 연습을 계속해오고 있습니다. 차를 판매하는 일을 하고 있는 만큼 손님을 상대하며 '다회'에 대한 상담을 해드릴 경우가 있어, 본격적으로까지는 아니어도 '다도'에 대해 조금은 공부하며 알아둘 필요가 있기 때문입니다. 일주일에 한번 다도 선생님을 모시고 가게 안에 있는 다실에서, 몇 명씩 돌아가며 연습을 하고 있습니다. 찻자리에서 차를 대접받는 방식, 그러니까 손님의 입장에서 연습을 합니다. 그러다 조금 익숙해지면 간단한 '연한 차 예식'을 해보고, 손님에게 차를 대접하는 입장을 배워갑니다. 근무 중 잠깐의 시간을 내어 배우는 것이고, 가게가 전체적으로 바쁠 때에는 연습이 없기도 하므로 가게에서 하는 이 연습만으로는 실력이 그리 많이 향상되지는 않습니다. 그래도 찻자리에서 쓰는 도구 같은, 일상생활에서는 별로 접할 일이 없는 가루차용 숟가락과 국자, 솥, 물주전자, 다완, 찻잔을 부신 물을 붓는 그릇, 뚜껑 받침, 여기에 숯도 실제로 써보고 직접 볼 수 있는 좋은 기회가 되기도 합니다.

　제가 배운 다도 연습에 대해 말하자면, 교토에 오기 전 도쿄에서 살았던 신혼 무렵에 아주 잠깐 배우러 다녔지만 그 후 교토로 와서는 육아에 치여 완전히 다도와는 멀리 떨어진 삶을 살았습니다. 가게 안에서 열리는 다도 연습에는 계속 참여해왔지만, 시어머니가 아직 건강하시던 무렵이었기에 저는 계절이 돌아오면서 '화로 개봉'이나 '하츠가마'[33] 같은 큰 행사를 치를

33　직역하면 '첫 솥'이란 뜻으로, 새해에 처음으로 솥을 걸어 차를 끓이며 가지는 다사를 말한다.

때 옆에서 조금씩 도와드리는 정도였어요. 그러면서 평소 다도 연습 준비를 어떻게 해놓는지 등을 시어머니에게서 배워, 제가 이어서 하게 되었습니다. 마루에 거는 족자를 바꾸고, 꽃을 꽂고, 다완과 뚜껑 받침 같은 도구도 계절에 맞춰 준비해놓는 등 하나씩하나씩 제가 하는 일이 늘어나는 느낌이었어요. '풍로'에서 '화로'로 바꾸는 것도, 몇 번인가 시어머니와 같이 하면서 더 이상 알려주지 않아도 조금씩 제가 할 수 있게 되었어요. '화로'의 재를 깨끗하게 하는 작업은 한여름, 기온마쓰리가 끝난 이후 태양이 가장 강렬하게 내리쬘 때 하는 것이 가장 좋아서 남편이 거들어주고 있어요.

그렇게 조금씩 해나가고 있는 사이에 아이도 어느 정도 자라서, 그때부터는 가게의 다도 연습에 와주시는 선생님의 자택에 일주일에 한 번씩 가게 되었습니다. 선생님은 저보다 네 살 위로, 다도 지식에 있어서는 비교할 수도 없을 정도로 수준 차이가 나지만 세대가 같은 데서 오는 친밀감이 있었습니다. 밤에 연습을 하는 만큼 시간도 제한적이어서 처음에는 '기본 차예식' 정도만이라도 할 수 있게 되면 좋겠다고 생각했습니다만, 놀랍게도 연습을 계속할 수 있는 상황이 이어져 벌써 10년

넘게 연습을 하고 있습니다. 예식을 배우고는 금방 잊어버리는 일들의 연속이지만, 선생님의 자택을 방문하는 것만으로도 평소의 시간 흐름과는 동떨어진 순간을 누릴 수 있는 데다 예식을 하는 동안에는 온 마음을 집중하기 때문인지 저 자신이 뭔가 '텅 빈' 상태가 되는 듯한 기분이 들어 신기했습니다. 솥에서 물이 끓는 소리, 국자 받침에 국자를 놓을 때 나는 소리, 차선을 휘저어 차를 우리는 소리, 온통 고요한 순간에 울리는 그 소리들마저도 사랑스러워서 너무도 소중하게 느껴졌습니다.

다른 사람에게 무언가를 가르쳐줄 때, 가르치는 것이 익숙하지 않은 사람이라면 이것도 알려주고 싶고 저것도 알려주고 싶어 저도 모르는 새 한 번에 너무 많은 것들을 알려주면서 그것을 친절이라 여기기 쉽지요. 이것은 엄청난 착각입니다. 다도 연습에서도 마찬가지라 할 수 있어요. 넓고 완만한 계단을 걸어 올라가는 느낌으로 시작해 계단은 차츰 좁고 높아지며, 지식을 자신의 것으로 소화하는 방법도 하나하나 세세하게 들어간다는 면에서 마찬가지라고 생각해요. 과자를 대접받고 차를 마실 수 있는 시간이라는 가벼운 마음으로 손님 입장에서 연습을 시작해, 그다음은 다완을 닦는 작은 삼베 행주를 접는 방법과 다구를 받치는 보의 사용 방법을 다실에 딸린 주방[34]에서 배우고, 준비하는 것을 연습하며, 부분적으로 다도의 행위를 연습하기를 반복한 끝에 손님 앞에서 간단한 예식을 할 수 있게 되는 겁니다.

다도의 세계는 심오하다고들 하지요. 마루에 거는 족자를 읽고, 꽃도 그 이름을 기억해두며, 계절의 변화에 맞춰 장식을 바꾸는 것에도 신경을 쓰고, 숯이 잘 탈 수 있도록 방법을 찾는 등 그야말로 국어부터 이과 과목에 역사까지 모든 과목을 아우릅니다.

그리고 무엇보다도 신체의 움직임이 중요하다고, 선생님이 자주 말씀하셨어요. 오른발부터 딛는다든지 왼손으로 내려놓는 것 같은 세세한 행동을 말하는 것이 아니라, 그저 걷는 것만 해도 스스로 몸의 움직임을 의식하는 것만으로 무언가 달라진다는 것을 온몸으로 실감했을 때 눈이 트이는 것 같았습니다. 또 자세도 중요합니다. 선생님은 단순히 등을 뒤로 젖히는 것이 아니라, 배에 집중하고 정수리에 실이 있어 몸이 거기에

---

34 차 그릇을 씻는 곳으로 '미즈야'라고 한다.

매달려 있다고 상상하며 움직이라고 늘 말씀하셨어요. 자세란 어렸을 적에 선생님과 부모님께 자주 주의를 받았으면서도 어느새 제멋대로의 버릇이 들어버려 고치기가 정말로 쉽지 않은 것이지요. 뜨거운 물이 들어 있는 솥 같은 건 무게가 상당해서, 손만 까닥까닥해서 들어올리거나 움직이기란 어림도 없습니다. 화상만 입을 뿐이지요. 우리 배에는 '단전'이라고 하는 부분이 있는데, 그곳에 의식을 집중하면 몸의 중심이 잡혀 움직임이 편해집니다. 그저 바로 앞에 있는 나쓰메나 다완을 옮기는 것뿐이라 해도, 팔이 붙어 있는 몸을 의식하며 움직이면 그 자신도, 그리고 겉으로 드러나는 모습도 달라집니다.

고백하자면 저는 등이 조금 새우등이어서, 그것을 고치는 데만도 꽤 오랜 시간이 걸렸습니다. 일상생활을 할 때도 조금만 신경을 끄면 바로 등이 굽어져, 무심코 찍힌 사진에서 등이 구부정한 저 자신을 발견하기도 합니다. 한편 이렇듯 중요한 행위와 더불어 중요한 또 한 가지는 호흡이라고들 합니다. 이 역시 얕은 호흡이 아니라, 후우 하고 깊이 들이마시고 내쉬는 가운데 동작을 행하면 차이점을 의식할 수 있습니다. 선생님은 여기에 더해 골반을 의식하면 좀 더 행동거지가 달라진다고, 종종 말씀하셨어요. 이렇게 몸의 움직임에 대해 생각해보면 '정(고요함, 靜)'의 다도가 단번에 '동(움직임, 動)'으로 바뀌며 한없이 흥미로운 것으로 다가옵니다.

연습을 하러 가는 것이 귀찮게 느껴질 때도 물론 있습니다. 그럼에도 어떻게든 계속해올 수 있었던 것은 심오한 다도 덕분에 수많은 단면들 속에서 제 나름대로의 다양한 발견들을 늘 해왔기 때문이 아닐까 싶어요. 각 사람의 인품에 따른 부분도 물론 크겠지만, 처음으로 다회에서 만나 이야기를 나눴던 선생님이나 제게 다도를 가르쳐주시고 있는 선생님처럼 다도 연습을 넘어서 그 외의 장면들에서도 풍성한 시간을 보내시는 선배님들이 있어 만날 때마다 여러 의미에서 저의 본보기가 되어주신답니다.

차
의
시
간

떡

새해가 밝았습니다. 동지가 지나면서부터 아주 조금씩이지만 해가 길어지고 있음을 실감합니다. 맑은 겨울날에 보이는 저녁노을은, 맑은 공기 덕인지 구름이 장밋빛으로 물들어 정말로 아름답습니다. 이를 즐길 수 있는 시간도 점점 길어지고 있습니다.

한 달에 두 번, 14일과 그 달의 마지막 날 아침 10시쯤이면 기타시라카와에서 꽃을 미어터지게 실은 짐수레를 끌며 '시라카와메'[35]인 다나카 구메 씨가 오신답니다. 언제 보아도 기운이

---

[35] 직역하면 '시라카와 여인(아낙)'인데, 예로부터 교토의 시라카와 지역에서 돌아다니며 꽃을 파는 여 상인들이 있었고 이들을 시라카와메라 불렀다.

넘치고 피부는 반들반들 윤기가 흘러 나이를 쉬이 짐작하기 어려운 분인데, 우리 집안과는 "벌써 4대째 이어지는 인연이네요." 하고 웃으며 이야기하시더군요.

짐받이에는 불단이나 지장보살님께 공양하는 작은 꽃다발, 집 안의 감실에 공양하는 '비쭈기나무³⁶'와 조왕신께 바치는 소나무 가지 등이 바구니 가득 예쁘게 쌓여 있습니다. 자른 꽃가지들도 여러 가지 있고요. 5월에는 붓꽃, 기온마쓰리 즈음에는 범부채, 정월 전에는 '와가자리³⁷'. 이어서 수선, 히나인형에 장식하는 유채꽃과 복숭아나무 같은 식으로 제철을 맞은 꽃들을 실어오십니다.

"해가 빨리 져서 금방 캄캄해지니까 말이야." 하고 서둘러 가시는 12월을 제외하고는 반드시 우리 집에서 잠시 쉬다 가셨어요. 맛차와 작은 과자. 그리고 센차는 무조건 두 잔. 느긋하고 따뜻하게 풀어지는 차의 시간이었습니다. 우리 집 외에도 점심밥은 어디어디에서 하고, 구메 씨만의 정해진 코스가 있다

---

36 예로부터 신성한 나무로 여겨져, 신사 내에 비쭈기나무를 심었으며 가지는 신전에 바치기도 했다.
37 짚을 둥글게 엮어서 만든 장식물로 설날에 대문이나 집 안에 달아둔다.

고 했어요.

"아침에는 꼭 떡을 먹고 나와요." 살짝, 몇 개를 드시는지 여쭤보자 부끄럽다는 듯이 "이만큼." 하고 손가락을 네 개 펼쳐서 보여주셨어요. 새벽 4시 반에 일어나 6시에는 집을 나서서, 저녁까지 하루에 10킬로미터 이상씩 걸으며 익숙한 집들에 꽃을 전해주신다고요.

살짝 굳어서 갈라진 정월 떡을 보고 있으려니, 문득 어린 시절의 기억이 떠올랐습니다. 정월 휴무로 진료를 쉬고 있다가도 "떡이 목에 걸렸어요." 하고 걸려온 긴급 전화에 당황해하며 진료실의 난방을 켜고 부산하던 아버지의 모습이 말이에요.

구메 씨도 시어머니가 돌아가신 후 이어서 세상을 떠나셨어요. 그래도 구메 씨가 늘 기운 넘칠 수 있었던 것은 틀림없이 이 '떡' 덕분이었겠지요. 많이 먹고 구메 씨의 기운을 받고 싶어요.

불

듣기는 했지만 실행하지는 않았던 것을, 실제로 해봤습니다. 바로 다도 연습에서 쓰는 숯을 씻어두는 일이었습니다.

왠지 습한 숯에는 불이 잘 안 붙지 않을까 하는 아마추어적인 생각과 귀찮은 기분이 먼저 올라왔어요. 선생님은 숯을 씻어서 바깥에 놓아두어도 되고, 지금 같은 때는 난방을 한 방에 신문지를 깔고 그 위에 2~3일만 두면 마른다고 가르쳐주셨지요.

흐르는 물에 씻은 숯을 잠시 신문지 위에 펼쳐두면 '식식' 혹은 '딱딱' 하는 소리가 나기 시작합니다. 꼭 숯이 속삭이는 소리처럼 들리기도 해요. 숯불을 피웠을 때 나는 소리와 같은 소리로, 숯이 말라가는 소리입니다.

　다도의 세계에는 숯 예식이 있습니다. 화롯불에 남은 숯을 정리하고, 젖은 재를 뿌려준 다음 새로운 숯을 보탭니다. 공기가 통할 길을 만들고, 불이 잘 옮겨붙을 수 있도록 배치합니다. 젖은 재가 말라감에 따라 숯이 한층 더 잘 타게 된다고 들었습니다.

　아름다운 행동 속에 이치에 맞는 규칙들이 있고, 전통적인 예식 속에 합리적인 생각들이 들어 있는 것에 놀라고 말았어요.

　우리 가게에서는 지금도 추운 계절이면 손을 쬐는 작은 난로와 화로를 가게 앞에 둡니다. 재 속에 봉긋하게 파묻혀 있는 숯이 품고 있는 은은한 온기에는 히터나 스토브에는 없는, 형언할 수 없는 운치와 따뜻함이 있습니다.

　온종일 화롯불이 꺼지진 않았는지, 너무 불이 세서 뜨거워지진 않았는지…… 불을 지키고 뒤처리를 하는 가게 직원들 입장에서는 일상에서 이렇게 불을 다룰 일이 없는 만큼 이것이 꽤 까다로운 일입니다. 하지만 아이를 데리고 온 손님이 "이게 바로 화로라는 거야." 하고 가르쳐주는 모습도 종종 볼 수 있답니다.

우리 집에서도 남편이 한번씩 화로에 불을 피웁니다. 부젓가락으로 숯을 옮기고, 어쩐지 생글거리는 얼굴로 화로 옆에 딱 붙어 있어요. 숯불에는 마음을 편안하게 해주는 신기한 힘이 있다, 그리 믿는 것은 인간뿐일까요. 하긴, 불 옆에서 몸을 둥글게 말고 온기를 쬐는 고양이는 있어도 불을 바라보고 있는 고양이란 별로 들어본 적이 없네요.

정전기

어렸을 때 셀룰로이드 책받침을 스웨터의 겨드랑이 부분에 끼고 문지른 다음 친구 머리에 대어 머리카락이 위로 서게 만드는 장난이 유행이었습니다. 이것이 '정전기'를 이용한 장난이라는 것을 언제쯤 알았을까요.

이렇게 건조한 계절이면 손님들이 맛차에 '덩어리(작게 뭉친 덩이)'가 잘 생긴다고 화를 내시는 경우가 있습니다. 습기 때문에 덩어리가 졌다고 생각하기 쉽지만, 사실은 맛차 입자들이 '정전기'로 서로 달라붙어 잘 덩어리지는 것입니다.

온도와 습기를 낮게 제어한 작업장에서 충분히 건조시킨 덴차를 맷돌로 갈면, 갈려서 나온 맛차는 이미 이 단계에서 정전기를 띠게 됩니다.

이 맛차를 캔이나 자루에 담기 전에 '체'에 내려, 폭신한 상태로 만들어줍니다. 가능한 한 막 갈아낸 맛차의 맛을 손님들에게 전하고 싶다고 최단 시간으로 작업을 서둘러 진행하다 보면 정전기를 띤 상태의 맛차를 캔이나 자루에 담게 되는 겁니다.

여기에 안 그래도 건조한 겨울 날씨가 더해지면 정전기는 더더욱 빠져나갈 길이 없게 됩니다. 게다가 고급 맛차일수록 매우 곱게 갈려서 나오니 더욱 '덩어리'가 생기기 좋은 조건이 갖춰집니다.

안타까운 것은 이 상태의 맛차를 다완에 넣고 뜨거운 물을 부어 차선으로 잘 저어준다고 해도, '덩어리'는 잘 풀리지 않는다는 점입니다.

하지만 간단한 해결 방법이 있습니다. 다도 연습이나 다회에서도 쓰는 방법인데, 맛차를 다완에 담기 전에 '맛차 체'로 내려 정전기를 제거한 다음 쓰는 것입니다.

일반 가정에서라면 '차 거름망'에 쓸 만큼의 맛차를 담아 걸러주면 정전기가 풀려 순한 차를 마실 수 있게 됩니다. 맛을 위한 아주 작은 '수고'라 할까요.

부풀어오르다

나무들이 잎을 다 떨궈버리고 나면 그 나무가 무슨 나무인지 알아볼 수 없게 되기도 합니다. 당신의 집은 그렇게나 마당이 넓은가요, 하는 질문이 나올 법한 말이었네요. 제가 자주 산책을 가곤 하는 근처의 공원인 교토교엔에 대한 이야기였습니다.

봄소식이 점차 가까이 오는 이 계절, 나무 곁에 다가가서 보면 저마다 작은 눈이 돋아나 있습니다. 대부분은 꽃눈이에요.

어렸을 때 과학 시간에 식물을 관찰하며 생장하는 모습을 빨리감기로 촬영한 다큐멘터리 영화를 보았습니다. 저는 어쩐지 그 모습을 제 맨눈으로도 직접 보고 싶어서 계속 눈을 떼지 않고 집중해서 살펴봤지만 그렇게 '조금' 혹은 '살짝' 보는 것으로는 어림도 없었습니다. 식물의 생장은 그만한 속도로 일어나지 않으니까요. 기껏해야 미모사나 달맞이꽃이 살랑살랑 움직이는 모습을 보는 것 정도였어요.

가게 직원이 집 근처에 핀 야생 동백과 함께 '모양이 재미있어서'라는 이유로 꺾은 나뭇가지를 가져왔습니다.

나뭇가지에는 가위바위보에서 낸 '주먹'처럼 작고 딱딱한 눈이 몇 개 붙어 있었습니다. 난방을 켠 응접실에 꽂아두었더니, 방 안의 온기에 일순간 부풀어올라 다음 날에는 딱딱한 겉껍질이 갈라지고 2~3일 더 지나니 싹이 터 예쁜 봉오리가 맺혔습니다.

순식간에 일어난 이 변화를 보고 있자니, 어렸을 적 제 꿈이 이루어진 것 같은 기분마저 들었어요.

도감을 찾아봤더니 '도사물나무'라는 것이었습니다. 잘도 이렇게 작은 싹 안에 들어가 있었네, 하고 말을 걸어보고 싶을 정도로 마이코(어린 기녀)의 비녀 같은 꽃이 화악 피어나기 시작했습니다.

다른 이야기입니다만, 제가 직접 차를 덖는 팬을 이용해 찻잎을 덖어보니 '꼬임'이 있는 잎들이 고소한 향을 내면서 순식간에 부풀어오르더군요. 열에 의해 '꼬임'이 풀리기 때문입니다. 그 변화를 지켜보는 것도 재미있었어요.

알고 지내는 한 아가씨가 "우리 아빠가 화낼 때 보면 꼭 이만큼 부풀어올라요, 코가." 하던 말이 생각나네요. 꽃과 코라니, 발음은 같아도 완전히 다른 이야기지요.[38] 꼭 봄에만 뭔가 '부풀어오르는' 것을 볼 수 있는 건 아닌 모양입니다.

---

38 저자가 '꽃'과 '코'의 일본어 발음이 둘 다 '하나'인 점을 빗대어, '하나'는 '하나'여도 같은 '하나'가 아니라는 말장난을 의도하며 쓴 문장이다.

춘절의 차 한잔

얼마 전, 차를 운전하고 있는데 창밖으로 내리쬐는 햇살에 봄기운이 너무도 완연하여 저도 모르게 창문을 열었습니다. 기분 좋은 바람이 차 안으로 불어들어와, 문득 그리운 기분에 젖어들었습니다. 그 바람을 맞으며 떠오른 기억 때문이었어요.

어릴 적 그네를 탈 때면 저만의 비밀이 있었어요. 저는 발을 폈다 구부렸다 하기 시작하면 반드시 눈을 감았습니다. 그러면 뺨에 와 닿는 바람 덕분에 제가 마치 하늘을 날고 있는 것 같고, 하늘에서 구름 사이로 내려뜨린 그네에 타고 있는 듯 신비롭고도 엄숙한 기분마저 들었거든요.

특히 이 계절의 바람은 흙냄새를 품고 있어 숨을 크게 들이마시면 살짝 껄끔거리곤 했습니다. 제가 자란 산인 지방에서는 대륙의 황사가 종종 봄바람에 실려 왔기 때문입니다. "바다를 건너서 날아온 중국의 모래예요." 하는 선생님의 말에 뭔가 굉장히 신기한 기분을 느꼈던 것이 기억납니다.

　지난번에 센차 다도의 봄 다회에 처음으로 가보았습니다. 기다리는 곳에는 중국의 역사를 거쳐온 벼루와 먹, 붓이 장식되어 있었습니다. 마루에 걸린 족자에는 대륙의 봄을 떠오르게 하듯, 느긋하게 흐르는 강과 버드나무가 수묵으로 그려져 있었습니다. 어린 시절에 맡았던 황사의 냄새가 떠올라 반가운 마음이 일었어요.

　도코노마의 한쪽 옆에 둔 커다란 단지에는 가지가 훌륭하게 뻗어 있는 마취목이 있고, 청나라 시대의 큰 접시와 작은 사발에 담겨 나온 요리는 싯포쿠 요리[39]와 닮아 있었습니다.

　찻자리에는 갖가지 작고 앙증맞은 그릇들이 나왔습니다. 복숭아 모양을 낸 과자를 내온 후, 교쿠로와 센차를 우려주셨어요.

---

39 전통 일본 요리에 서양과 중국요리가 혼합되어 발전한, 일본식 중국요리

규스와 다완을 따뜻하게 데우며 예식이 진행되어, 작은 규스에 손님 9명분의 차를 우리다 보니 정말로 한 입 머금으면 끝날 만큼의 양씩 돌아가더군요. 하지만 입안에 퍼져가는 밀도 높은 차의 맛과 향은 어찌 형언할 수 없는 것이었어요. 똑같은 차이건만 일반적으로 우리는 방법과는 조금 달라서였을까, 별세계에 있는 듯한 심오한 맛과 향을 즐길 수 있었습니다.

접할 기회가 많은 다도의 세계와는 어딘가 다른, 중국을 무척 가까이 느낄 수 있는 시간이었어요. 마침 구정이었던 그때, 세계 각지에서 활약하고 있는 수억 명의 중국계 사람들과 함께 춘절을 축복하며 보낸 듯한 기분이 들었습니다.

포장하다

　외국 영화에서 예쁜 포장지로 싼 선물을 건네받고는 포장지를 짝짝 찢어서 선물을 열어보는 장면이 나올 때가 있습니다. 아이고, 예쁜 종이인데⋯⋯. 포장지를 깔끔하게 벗겨서 잘 접어두고, 풀어낸 끈은 둥글게 말아서 묶어두는 것이 당연하던 시절에 자란 탓인지 저는 포장지를 찢거나 리본을 버리는 것을 보면 너무 아깝다 싶어집니다.

　새로 입사한 직원들이 가장 먼저 익히는 작업 중 하나는 차를 담은 상자나 캔을 종이로 싸는 것입니다. 손님이 지켜보는 가운데 척척 쌀 수 있게 되려면 꽤 많은 연습이 필요한 것은 물론이거니와 배짱도 있어야 합니다. 손님이 급하다는 것을 의

식하고 있을 때야말로 오히려 더 실패하기 쉽거든요. 움직이지 말라고 테이프를 덕지덕지 붙이는 것은 있을 수 없는 일입니다. 잘 싸는 비결은 적절한 크기의 종이를 고르는 것과 포장지를 살짝 팽팽하게 잡아당기는 느낌으로 포장하는 것입니다. 둥근 캔은 둥근 부분을 따라서 부채꼴로 다트(주름)를 잡아주면 깔끔하게 쌀 수 있습니다.

최근에는 봉투에 든 차를 구입하는 손님께는 "집에서 드시는 건가요, 아니면 선물하시려는 건가요?" 하고 먼저 여쭤보고 있습니다. 환경문제가 화두로 떠오르면서, 불필요한 쓰레기를 가급적 늘리지 않으려는 이유에서입니다. 그러고 보니 제가 어렸을 때는 두부집에 두부를 사러 갈 때 집에서 냄비를 가져가는 것이 당연한 일이었어요.

지금도 손님들 중에는 집에서 마실 거니까, 하시며 다 쓰고 빈 맛차 캔을 가지고 와서 새로 구입한 차를 여기에 담아가시는 분들이 있습니다. 이렇게 가져오시는 캔을 우리는 '왕래 캔'이라 부르는데, 찌그러져 오거나 하면 새로 교체해드리고 있습니다. 오래도록 쓴 왕래 캔을 보고 있으면 손님의 깊은 애착이 느껴져 절로 마음이 따뜻해집니다.

선물용으로 나가는 차를 포장할 때는 종이가방(쇼핑백)에 담아서 드리고 있습니다. 어느 가게에서든 이러한 서비스는 당연한 것이겠지만 이럴 때 비단 보자기를 챙겨 오셔서 "이대로 들고 갈 테니, 종이가방 대신 이걸로 싸주세요" 하고 말씀해주시는 분이 있다면 얼마나 멋질까 생각은 하는데, 안타깝게도 그런 분은 만나보지 못했습니다.

찻물의 색

얼마 전 요리 방송을 보는데, 선생님이 튀김용 기름에 담근 춘권을 젓가락으로 가볍게 건드려주면서 "요즘에는 여우 색이 될 때까지 튀기세요, 하면 여우 색이 어떤 색깔인가요, 하는 질문이 돌아오기도 해요." 하고 쓴웃음을 지으셨어요. 컬러 텔레비전은 물론 컬러 복사도 흔한 요즘 시대에 색깔을 말로 표현해 전달하는 것은 세대가 다른 경우 정말이지 어려운 일이 된 것 같아요.

벚꽃을 그린다고 하면, 대부분의 사람들은 핑크색 크레파스나 색연필로 색을 칠할 거예요. 그렇지만 가모 강가의 제방이나 마루야마 공원에 핀 왕벚나무의 꽃을 한 송이 한 송이 찬찬히 들여다보면 꽃잎은 흰색에 가깝습니다. 분명히 요염한 흰색인데, 겹겹이 포개지고 포개진 벚꽃은 신기하게도 뭐라 말하기 힘든 투명한 담홍색으로 보입니다. 꽃잎의 배경으로 푸른 하늘이 비치면 꽃은 흰색이 아니라 은은하게 붉은빛이 도는 것처럼 보여, 숨이 막히도록 아름답습니다.

한편 대부분의 미술도구나 크레파스 세트에 들어 있는 '황매화 색'은 바로 이 시기에 피는 황매화나무 꽃의 색깔입니다. 서양에서 들어왔다는 '레몬옐로' 같은 색에는 없는 존재감을 드러내는 색깔이지요. 황매화는 겹꽃잎도 있지만, 저는 홑꽃잎이 좋아요. 부채를 반만 펼친 듯한 모양의 잎사귀도 마음에 듭니다.

그러고 보니 우지 차 중에서도 센차를 보면 찻잎은 예쁜 진녹색인데 규스에서 우려낸 차의 물색은 말로 표현하자면 투명한 '황매화 색'입니다. 녹차의 일종이라 해서 차의 색이 녹색인 건 아닌 것이지요.

우리다

벌써 20년도 더 된 일입니다. 집 근처에 인터넷 카페가 생긴 것을 보고, 한번 가본 적이 있어요. '카페'라고 하면 커피를 마시는 이미지가 떠오르지만 호지차를 마신다고 해도 괜찮지 않은가, 그러면 '인터넷 찻집'이라고 하는 게 어떤가, 하지만 이것은 '마루턱의 찻집'처럼 들었을 때 느낌이 바로 딱 오지 않으니 어쩔 수 없나, 같은 생각들을 걸어가면서 곰곰이 해보았습니다. 그렇게 들어간 인터넷 카페에서 컴퓨터를 마주하고 앉은 저는, 화면을 "작동시켜주세요."라는 말을 듣고 우선 당황하고 말았습니다. 기계를 조작해 돌아가기 시작하게 하라는 의미였을 테지만, 당시의 저로서는 그런 말을 별로 들어본 적이 없었어요. 물론 지금은 대부분의 사람들이 별 생각 없이 사용하는 표현이지요.

우리 집안은 데라마치에서 차 가게를 운영하며, 가게 안에는 손님이 직접 차를 우려 마시는 작은 다방이 마련되어 있습니다. 젊은 분들이 "맛차도 마실 수 있어요? 본인이 직접 우린다고요?" 하고 물어오는 경우가 종종 있습니다. 네에, 묽은 차를 우려서 드실 수도 있고 진한 차로 내어 드실 수도 있어요, 하고 대답해드리면 어리둥절한 표정이 됩니다. 일상생활 중에 맛차 아이스크림은 접해도 맛차 그 자체를 가까이해본 적이 없는 분들이라면 '연한 차'며 '진한 차'는 물론이거니와 '우리다'와 '내다'라는 단어의 발음만 들어서는 그 단어의 한자를 떠올려 뜻을 짐작하기가 쉽지 않을 수 있겠지요.

대나무로 만든 차선을 휘저어 물과 찻잎을 잘 섞어주는 것이 연한 차, 맛차를 많이 넣어 맛차 본연의 맛을 즐기는 것이 진한 차입니다. 오랜 세월을 거쳐 현재까지도 계승되고 있는 다도에는 깊은 의미와 문화가 얽혀 있습니다. 차를 우리고 내는 행위를 '예식(点前)'이라는 아름다운 단어로 표현하는 것만 보아도 알 수 있습니다. '우리다'를 뜻하는 일본어 단어에도 들어가

는 한자 '점(点)'은 시험 점수를 나타낼 때만 쓰는 단어는 아니었
던 거예요.

어머니날

밸런타인데이에는 초콜릿, 입춘 전날에는 자르지 않고 통째로 먹는 마키즈시(김 초밥), 화이트데이에는 마시멜로……. 누가 만든 건지 어느 틈엔가 이러한 조합이 자연스러운 연중행사가 되어가고 있습니다. 그렇다면 어머니날에는? 하고 질문한다면, 옛날부터 해온 카네이션을 들 수 있을까요. 어렸을 적, 가슴에 달 수 있게 만든 카네이션 장식을 왠지 학교에서 받았던 것 같아요. 그 무렵에 이미 어머니를 여읜 친구에게는 선생님이 하얀 카네이션을 주는 것이 퍽 슬퍼 보였던 기억이 납니다. 어머니를 생각하는 마음은 어차피 같은데 똑같은 색깔로 주지, 하고 어린 마음에 생각했습니다.

최근에 딸과 엄마 사이가 좋다고 하면 별로 따지지 않고 넘어가면서, 아들과 엄마 사이가 조금 많이 친하다 싶으면 바로 마더 콤플렉스라는 소리를 듣는다는 이야기를 들었어요. 아들을 둔 엄마들끼리 모이면 "이상해요." 하고 다들 입을 삐죽 내민다고요.

아무튼 5월에 있는 어머니날에 감사의 마음을 담아 신차를 맛있게 우려서 드리는 것은 어떤가요? 일 년 중 마침 이 때에만 느낄 수 있는 제철의 향과 맛이 담겨 있는 것이 바로 신차입니다. 신차의 신선함을 소중히 품고 있는 것이 센차이고요.

규스에 찻잎을, 조금 많다 싶을 수도 있겠지만 수북하게 2큰술 넣습니다. 뜨거운 물을 먼저 찻잔에 한 번 부었다가, 찻잎 위에 부어줍니다. 뚜껑을 덮고 4~50초 정도 기다린 다음 따라내 주세요. 화악 하고 퍼지는 싱그러운 신차의 향기를 느끼며, 1년 만에 찾아온 상쾌한 맛을 만날 수 있습니다.

축제

시모고료신사는 천황이 살던 곳인 고쇼 근처, 데라마치마루타마치를 따라 내려가면 있습니다. 원래 매년 5월 18일이 축제일(환궁제, 간코사이)였습니다. 전야제와 축제 당일에는 마루타마치에서 니조 도리까지 이어지는 데라마치 도리의 동편에 노점들이 줄줄이 늘어서고, 신위를 모시는 가마도 거리를 돕니다. 몇 년 전부터 5월 셋째나 넷째 주말에 열리는 것으로 바뀌었습니다. 남편이 어렸을 때까지는 이 야시장이 한 달에 두 번씩도 열렸다고 해요. 솜사탕, 금붕어 건지기, 슬롯머신, 정원수 가게 같은 예나 지금이나 한결같은 풍경도 있는 반면 퍼터 골프, 기계로 조작하는 뽑기 등 시대의 변화를 느낄 수 있는 노점들도 많이 있습니다.

그러고 보니 아들이 아직 어렸을 무렵, 세공을 하는 아저씨가 색깔 있는 비닐로 감싼 철사를 펜치 하나만 가지고 깔끔하게 구부려 작은 세발자전거나 고무총을 뚝딱뚝딱 만들어주셨어요. 그중에서도 가장 그리운 것을 꼽자면 철사를 바구니처럼 짠 것으로, 손가락을 이용해 장구 모양이나 공 모양으로 만들며 놀 수 있게 한 것입니다. 그림으로 남겨놓자 싶어 찾아봤는데, 너무 깊숙이 간직해둔 탓에 끝내 찾질 못했어요. 최근 몇 년 동안은 아저씨도 만나지 못했습니다.

이 축제가 열릴 때 우리 가게는 항상 달아두는 포렴을 떼고, 흑백의 막을 답니다. 이 막을 담아두는 상자에는 '포장막'이라 쓰여 있는데, 보통 장례식에 쓰는 막도 포장막이라 부르는만큼 예전부터 왜 이렇게 쓰여 있는지가 의문이었습니다. 결국 큰맘 먹고 포렴을 의뢰하는 분께 여쭤보았더니, 이것은 포장막이 아니라 '문막(門幕)'이라 하며 정월에 문 앞에 세우는 소나무와 마찬가지로 무언가를 축하할 때 쓰는 것이라고 알려주셨습니다.

차밭에서는 이 시기가 일 년치 찻잎 수확으로 정신없이 바뽑 때입니다. 그리고 채소 가게에는 갓 수확한 맛있는 '우리 고장의 완두'가 꼬투리째 바구니에 가득가득 담겨 나올 때지요.

오직 지금

제목은 잊어버렸지만 봄에만 피는 '노루귀'를 한겨울에 찾아 헤매는 소녀의 이야기가 있었습니다. 결국 '열두 달의 달의 정령'에게 부탁해 계절을 앞당긴 끝에 노루귀를 손에 넣었다는 것으로 이야기가 끝난 것 같은 기억이 있는데, 그 뒤에 더 이어지는 이야기가 있었던 걸까요. 지금은 그러한 부탁을 하지 않아도 계절과 상관없이 촉성재배한 채소와 과일을 세계 어디에서든 손쉽게 구할 수 있는 시대가 되었습니다.

차 같은 경우는 어떨까요. 봄에 들어서기가 무섭게 온실재배한 찻잎의 수확이 시작되었다는 뉴스보도를 접하기도 하지만, 본래 차의 수확은 벚꽃 전선과 마찬가지로 남쪽에서 북쪽으로 올라오며, 우지 시 같은 경우는 4월 하순부터 팔십팔야를 지나 5월 내도록 이어집니다. 차나무는 겨울잠을 잔 후 봄을 맞이해 조금씩 뿌리를 움직이며 양분을 비축합니다. 매년 4월 초순이면 싹이 텄다는 선언이 나오는 우지 시에서는 5월 초순이 수확의 한창때입니다. 수확한 찻잎은 바로 제조공장으로 옮겨져, 차례차례 차로 제조됩니다.

이 계절, 마당에서는 풀과 나무가 일제히 생장합니다. 제초나 가지치기 같은 작업을 하고 나서, 잘라내거나 뽑은 것들을 비닐봉투에 넣어 묶어두면 봉투 안에 어린 풀과 잎들이 뿜어내는 열기가 고이는데 정말 놀라울 정도예요.

찻잎 수확도 마찬가지입니다. 어린잎만 골라서 따낸 찻잎들을 하나로 모아두면 산화 작용이 일어나기 시작해 뜨거워집니다. 이 산화 작용을 막기 위해 제일 먼저 찻잎을 찌는 공정을 거친 다음 차로 만드는 것이 일본차의 특징입니다. 동일한 차라 해도 홍차나 중국차와의 큰 차이가 바로 여기에 있습니다. 옛날에는 수확한 찻잎을 가급적 겹치지 않게 하며 얇게 펼쳤습니다. 지금은 찻잎을 모아서 담아놓은 커다란 바구니 안으로 차가운 바람이 불게 해, 변화를 최대한 막는 공정을 거치고 있습니다. 일 년 중 오직 찻잎을 수확하는 시기에만 쓰는 도구들이지만 조금씩이나마 착실히 개량, 발전하고 있습니다.

반딧불이

6월에 접어들면 가모 강의 바닥이 훤히 들여다보이는 시기가 찾아옵니다. 교토 시내에서도 반딧불이들을 볼 수 있는 곳이 있습니다. 집에서 그리 멀지 않은, 가모 강 옆으로 흐르는 '미소소기 강'가의 풀숲에 가면 발견할 수 있어요. 어딜 가든 온갖 소리가 넘쳐나는 일상을 살다가 아주 잠깐 동안 아무 소리도 내지 않고, 가만히 빛을 내는 반딧불이를 보고 있으면 마음이 놀랄 만치 평온해집니다. 빛이 반짝이다가 꺼졌다가 하는 모습이 정말로 아름다워요. 뭐라 형언할 수 없는 이 '덧없음'에 그저 마음이 끌립니다. 하지만 이러한 마음은 어른이 되고 난 이후에야 느낀 것입니다.

어렸을 때는 반딧불이에 대한 인상이 조금 달랐습니다. 산인 지방에서 동네 의사로 사셨던 친정아버지가 초여름에 깊은 산속까지 왕진을 다녀오실 때마다 환자분의 집에서 받은 선물이라며 종종 가져오시던 것이 있습니다. 바로 물방울이 잔뜩 맺힌 양철 곤충상자로, 쇠뜨기 풀이 수북하게 깔려 있고 안은 어두워 잘 보이지 않았습니다. 무엇보다 풋내가 제일 먼저 코를 찔렀습니다. 그러나 어둡고 조용한 곳에 가만히 매달아두고 지켜보고 있으면 '이제 괜찮아졌나?' 하듯이 반딧불이들이 조금씩 빛을 내기 시작해, 이윽고 조그마한 아이들이 상자 안을 가득 채우며 반짝입니다. 덧없는 생명이지만 반딧불이 하면 무심코 그때의 풋내가 제일 먼저 떠오르고 맙니다.

수질을 나타내는 '경수(센물)'와 '연수(단물)'라는 단어가 있지요. 일본의 물은 대부분 연수여서, 순하고 물맛이 좋아 일본차에는 아주 제격입니다. 그러나 여름이 되면 수돗물을 염소로 소독하는 과정에서 석회 냄새가 심해지거나 합니다. 이 석회 냄새를 없앨 수 있는 방법으로 주전자에 물을 담고 뚜껑을 연 채로 5분 정도 팔팔 끓이거나 물을 하룻밤 동안 놓아두었다가 쓰는 방법을 추천합니다. 개량된 정수기도 시중에 나와 있지

만, 차를 우리는 데에 쓰는 물에도 조금은 신경을 써서 차를 맛
있게 드셔주셨으면 하고 바라는 마음입니다. "바, 바, 반딧불이
야, 이리 와, 그쪽 물은 쓰다고. 이쪽이……." 반딧불이가 좋아하
는 물의 맛까지는 잘 알 수 없지만요.

계절감

공기 조절 기기가 발달하면서 요즘에는 한겨울에도 집 안에서는 티셔츠 한 장만 입고 산다는 분들도 있지요. 그렇지만 뚜렷한 사계절이라는 일본 기후풍토의 커다란 특징은 어떤 것에도 비할 수 없는 축복이라는 생각을 최근 합니다. 계절에 따라 변화하는 생활을 누릴 수 있다는 것은 정말 대단한 거예요. 물론 실제 일상을 살면서는 일 년 내내 한 철의 옷으로 살 수 있다면 옷 정리와 수납이 얼마나 간단해질까 하는 생각도 하지만요. 예로부터 6월과 10월은 옷을 바꾸는 계절이라고 했습니다. 특히 6월은 여름을 맞이하며 눈에 들어오는 것들이 밝은 것들로 바뀌어 매우 산뜻한 기분을 느낄 수 있습니다.

우리 가게에서는 가게 앞에 걸어두는 포렴을 매우 진한 고동색에서 흰색으로 바꿔 달고, 가게 앞에 서 있는 직원들도 제복을 하복으로 바꿔 입게 하니 더 그런 기분을 느끼는 것인지도 모르겠어요. 바깥은 이렇게나 빛이 흘러넘치고 있구나, 이를 온몸으로 느끼는 것이 바로 이 시기입니다.

그런데 다도의 세계에서는 이 옷을 바꾸는 것보다 거의 한 달쯤 일찍, 화로를 풍로로 바꾸며 여름을 맞이할 준비를 합니다. 직원들이 다도 연습을 받는 가게 내 다실도 화로 안에 든 재를 꺼내고 다다미를 바꿔 깝니다. 화로 위에서 쓰는 도구들을 손질해 보관하고, 국자와 국자 받침도 풍로 위에서 쓰는 종류들로 바꿔 꺼내놓습니다. 방의 미닫이를 빼고 발을 달거나, 갈대발을 친 문으로 바꿔 답니다.

그리고 우리 집 주방에서도 소면을 수북하게 담는 그릇, 보기만 해도 시원한 샐러드볼 같은 유리그릇들을 쓰기 시작하며, 슬슬 호지차나 보리차를 냉장고에 넣어두는 것이 일과가 되는 시기입니다. 곧 있으면 우리 가게 앞에서 '우지 맑은 물'이라는 여름용 차를 손님들에게 내기 시작하고요. 이 음료는 1935년경 우리 가게 총무가 고안한 것입니다. 여름에 마시기 좋은 차로 뭔가 없을까 하다가, 주인에게는 비밀로 하여 몰래 만들어낸 것이라 들었어요. 지금은 빙수로 만들기도 하고 우유와 섞기도 하며, 여름철 대표 선수로 활약해주고 있습니다.

칠석

규스 안에 뜨거운 물을 부으면 찻잎의 '꼬임'이 천천히 풀리면서 그 '꼬임' 안에 들어 있던 맛과 향이 퍼져나갑니다. 센차와 교쿠로는 밭에서 수확한 찻잎을 바로 찝니다. 그 후 찻잎을 '비비는' 작업을 거쳐 '꼬임'을 만듭니다. 그렇지만 이 '꼬임'이라는 단어가 별로 익숙하지 않은 분들이라면 칠석날 장식을 대나무에 달 때 쓰는 '코요리'를 떠올려주시면 알기 쉬울 것 같아요.[40]

---

40 일본어로 '꼬임'에 해당하는 단어의 발음은 '요리'이다. '코요리'는 종이를 가늘게 꼬아 끈처럼 만든 것을 뜻하며, 칠석날 소원을 적은 종이를 대나무에 달아 장식하는데 이때 '코요리'를 쓴다.

어렸을 때 칠석이 다가오면 우선 종이를 꼬아 '코요리'를 만드는 것이 제 일이었습니다. 습자 연습에 썼던 얇은 반지(일본 종이)를 가늘고 길게 자릅니다. 그것을 비스듬히 꼬아나가면 가늘고 길면서 장식을 달 수 있을 정도로 충분히 튼튼한 끈이 되는데, 이러한 끈을 여러 개씩 만듭니다. 작은 종이를 끼우고 나서 끝에 풀을 붙일 수 있도록, 끈을 마지막까지 다 꼬지 않고 조금 남겨둡니다.

색종이보다 얇은 색지에 '은하수', '직녀성', '견우성' 등 칠석에 어울리는 단어를 적습니다. 물론 제가 바라는 소원도 적었어요. '은하수'를 표현하는 장식 같은 것도 만듭니다. 접은 종이에 가위집을 넣은 후 펼치면 레이스처럼 보이게 만든 것입니다. 이렇게 만든 여러 장식들을 대나무에 달 때 바로 이 '코요리'를 사용합니다.

그런데 모처럼 예쁘게 꾸민 대나무도, 하루하루 칠석날이 다가올수록 처음에는 싱싱했던 잎들이 점점 색이 바래고 말라서 세로로 둥글게 말려버립니다. 칠석날 밤이면 이 대나무를 강에 흘려보내러 갑니다. 현재 대두되고 있는 환경문제의 차원에서 생각해보면(말이 안 되긴 하지만) 대나무도 소원을 적은 종이도, 또 '코요리'도 쓰레기이긴 해도 전부 다 곧 썩어서 자연스레 흙과 물로 돌아가는 것들이라는 사실을 새삼 깨닫게 됩니다.

규스 안에서 '꼬임'이 풀린 찻잎에는 더 이상 맛과 향을 뿜어낼 힘이 남아 있지 않습니다. 그런데 놀랍게도 우리가 사는 세상에서는 이 '꼬임'을 되돌리는 일도 가능한가 봅니다. 헤어졌던 남녀가 다시 합치는 것을 '꼬임을 되돌린다'고 표현하니까요.

기온마쓰리

교환학생으로 유학을 온 고등학생 카일 군이 세 번째 홈스테이 집이었던 우리 집에 머물 시간도 얼마 남지 않았습니다. 4월 말, 우리 집에 막 왔을 때 그는 제일 먼저 자신의 방에 커다란 캐나다 국기를 펼쳐 핀으로 벽에 붙이더군요. 조부모님 대에 네덜란드에서 캐나다로 이주해 왔다며, 자신들을 받아들여 준 캐나다에 대한 애국심이 각별한 듯했습니다. 올림픽에서 국기 게양을 할 때 일장기를 보며 애착을 느낀 적은 있어도, 평소 국기에 그 정도로 특별한 마음 같은 건 없이 사는 저로서는 조국이나 국기를 향해 똑바로 뻗어가는 그의 마음이 눈부시게 다가오기도 하고 부럽기도 했습니다.

이번 기온마쓰리에서 카일 군은 나기나타보코(긴 창이 달린 가마)를 끄는 역할을 맡았습니다. 전날 그 설명회에 참가했다 돌아왔을 때 "아주머니, 여기." 하고 엄지발가락과 검지발가락 사이를 가리키며, 반창고를 여러 겹 붙여야 한다고 설명해주었습니다. 여러 번 참가한 경험이 있는 분이 조리(샌들) 때문에 아프니 그렇게 하는 게 좋다고 조언해주었다고요.

벌써 30년 가까이 지난 옛날 일입니다만, 밀기울로 만드는 화과자 전문점 '후카(麩嘉)'의 자제분이 기온마쓰리에서 때때옷을 입고 나기나타보코에 타는 어린이를 맡았을 때 우리 남편도 그 수행으로 따라가게 되었습니다. 가마 행렬이 지나가는 당일 날, 저는 후카 주인분에게 아르헨티나 국기를 부탁받아서 그것을 들고 가와라마치오이케 근방에서 대기하고 있었습니다. 나기나타보코가 다가왔을 때 남편에게 그 국기를 건넸고, 수행하는 사람 전원이 교토 호텔을 향해서 그 국기를 펼쳐들었습니다. 당시는 아직 건물을 새로 짓기 전의 교토 호텔이었어요(현재 교토 호텔 오쿠라). 교차점에 닿아 있는 모퉁이 쪽으로 난 방에서 아르헨티나 대통령 부부가 가마 행렬을 지켜보시다가 국기를 발견하고 손을 흔들어주셨습니다. 대통령 부부가 가마 행렬을 보실 거라는 사실을 사전에 안 후카 주인분이 마음을 쓰신 것이었지요.

아무튼 불볕더위 속에서 고생한 카일 군에게는 차가운 보리차를 물병에 담아서 주는 게 좋겠지요. 평소엔 우유를 마시지만 이 날은 아무래도 보리차가 제격입니다. 어른이었다면 맥주가 조금 더 좋겠지만요.

차바시라

　'차바시라가 섰다'는 것은 길조로 통합니다. 차바시라가 선 것을 보면 조용히 마시는 게 좋다는 저의 굳은 믿음에, 남편은 피식 웃더군요. 차밭에서 수확해 차로 만드는 것에는 잎만이 아니라 싹과 줄기 부분도 포함됩니다. 차바시라는 이 중 줄기 부분에 해당하지요.

　아들이 중학교 2학년이었을 때였습니다. 중간고사가 끝난 날, 집에 오자마자 컴퓨터게임만 내내 하는 거예요. 그날 밤 몸이 좋지 않다고 말하는 아들에게 "게임을 너무 많이 하니까 그렇지." 하고 차갑게 대답했어요. 따로 대단히 준비한 것도 없이 그저 시험을 보고 오기만 한 것을 옆에서 보았던 만큼 저도 모르게 냉정한 말이 흘러나왔던 겁니다. 열이 나고 토하고 하는 것이 자가중독 증상 같아 보였기에, 아침에 늘 다니는 병원 의사 선생님께 보이면 되겠지 하고 가볍게 생각했습니다.

그런데 다음 날 병원에 가서 검사를 받아보니 충수염이라며, 그것도 병원에 들른 것이 조금 늦은 감이 있어 복막에 유착되기 시작했다고 하는 겁니다. 커튼 저편에서 수술 준비에 들어간 아들을 곁눈질하며 "선생님, 아무래도 수박이나 포도 같은 종류가 문제였나요? 아니면 차바시라인가요, 원인이?" 하고 다급하게 여쭤보았습니다. 선생님은 웃으시며 "어머님, 옛날에는 그런 말이 많았지만, 그런 게 원인이 아닙니다." 하셨습니다.

아들에게 다음에는 이런 일 없게 잘 지켜볼 거라고 말하자 "그때는 진짜 너무했어. 애초에 맹장은 몸에 하나밖에 없는데 다음이 어디 있어. 의사 딸이라고 다른 게 뭐야." 하고, 꽤 길었던 입원 생활을 돌아보며 원망의 말을 늘어놓더군요.

차 이야기로 돌아와서, 차의 줄기 부분에는 특유의 단맛이 있습니다. 줄기는 잎보다 덖는 시간이 오래 걸리므로, 타지 않도록 주의하면서 찬찬히 덖습니다. '가리가네'라고 부르는 교쿠로의 구키차(줄기 차)도 있습니다만, 구키호지차도 맛이 좋아요.

산뜻하고 구수한 찻잎 호지차와 비교하면 줄기로 만든 구키호지차는 감칠맛이 나는 것이 특징입니다. 맛이 진한 요리와 궁합이 좋다고 합니다.

매미

매미 소리가 요란한 여름이 왔습니다.

매일 밤마다 산에 엄청난 기세로 비가 쏟아졌지만 가마 행렬이 있는 날만은 적당히 흐린 날씨에 적잖이 안도했습니다. 우리 집에 홈스테이로 머물고 있는 카일 군도, 니기나타보코를 끄는 자원봉사를 맡은 학생들과 함께 임무를 무사히 끝마쳤어요. 아침 7시도 전에 집합이라 걱정했는데 다행히 오이케 도리에서 힘차게 가마를 끄는 모습도 지켜볼 수 있었습니다. 발개진 볼로 "다녀왔습니다!" 하는 우렁찬 소리와 함께 돌아왔어요. 잠시 쉬었다가 저녁에는 마침 기회가 닿아 야사카 신사에서 가마(오미코시)를 메고 동네를 도는 데에 참여했습니다. 전적으로 카일 군이 결정한 것이면서도, 오전의 피로가 몰려온 탓인지 부루퉁한 얼굴로 길을 나섰습니다.

오미코시 같은 경우는 복장을 갖추는 것부터가 보통 일이 아니어서, 우선 허리를 보호할 목적으로 가슴께 아래에 흰 천을 두 번 접은 것을 단단히 두릅니다. 풀리지 않게끔 꽉 조여 감기도록 먼저 분무기로 물을 뿌린 후 두르기도 합니다. 비단 '금(錦)' 자가 들어간 핫피[41]도 카일 군이 입으니 영 짧아 보였습니다. 지카타비[42]를 신고, 옆 사람들이 하는 걸 따라서 수건을 머리에 동여맨 후 사람들 틈에 섞여 들어갔습니다. 그러더니 오미코시의 위용 속에서, 끝까지 해냈다는 만족감이 가득한 얼굴로 돌아왔습니다. 교토에 살고 있는 사람도 잘 경험하지 못하는 것을 단번에 체험한, 굉장히 축복 같은 하루였네요.

카일 군의 유학생 친구들이 우리 집에 모여 저녁을 먹은 적이 몇 번 있습니다. 저로서는 생각해본 적도 없는 그들의 시선이 언제나 재미있었어요. 가령 여름의 대표적인 풍경인 '매

---

41 허리에서 무릎 사이까지 오는 기장의 통소매 옷으로, 보통 옷깃에 상표 등 소속을 나타내는 문자를 넣는다는 특징이 있어 스포츠 응원이나 축제에 참가할 때 많이 입는다.
42 일본 버선 모양의 천에 밑에는 고무창을 댄 작업화

미'를 뜻하는 일본어 단어인 '세미'만 해도, 처음 들었을 때는 '세미콜론'이나 '세미파이널' 같은 단어에 나오는 '절반'이라는 의미의 'semi' 단어가 떠올라 묘하게 느껴졌다고 해서 같이 웃었답니다. 식탁에 나온 차의 맛은 희한하게 느껴졌을지언정 제가 만들어 내놓는 음식에는 언제나 "와우! 맛있어요!" 하며 기뻐해준 아이들이었어요. 2001년 7월 20일, 카일 군은 추억이 가득한 교토를 뒤로하고 간사이공항에서 캐나다로 돌아갔습니다.

사사백합

화사한 자태를 드러내며 가만히 피어나 고귀한 향을 흩뿌리는 사사백합. 이 꽃을 만나면 무슨 영화의 한 장면처럼 머릿속에 떠오르는 풍경이 있습니다. 꽤 오래전, 기타야마스기[43]를 보러 갔을 때의 일입니다. 비구름이 자욱하게 깔리고 안개비가 부옇게 내리는 와중에 가지런히 심긴 삼나무들이 끝없이 이어져 정말이지 아름다운 광경이었습니다. 삿갓을 쓴 남자가 잡목 제거라도 하러 왔다 내려가는 길인지, 등에 잡목들을 한가득 지고 산길을 내려오고 있었습니다. 등에 진 잡목들의 제일 위

43 교토 시 북쪽 지역에서 자라는 삼나무를 이르는 말

에 분홍색 꽃줄기 몇 개가 있었는데, 바로 '사사백합'이었습니다. 집에서 기다리고 있는 아내에게 주려는 것일까, 비에 젖은 꽃이 너무도 아름답고 고고해 보였습니다.

가게 안 응접실 같은 곳에 매일 아침마다 꽃을 꽂아두는 것도 시어머니의 일과 중 하나였는데, 자연스럽게 제가 이어받아 하게 되었습니다. 계절이 지나며 정원에 꽃이 별로 피지 않았을 때나 그리 상태가 좋지 않을 때는 아침마다 꽃을 꽂는 일도 난관에 부딪힙니다.

이럴 때면 가게에서 일하는 이누이 씨나, 친정이 교토 사쿄구에 있는 시즈하라인 무로이 씨가 한번씩 야산에 핀 화초들을 양동이 가득 가져옵니다. 무로이 씨는 "물가에는 살무사가 있어서, 엄마랑 저랑 장화를 신고서 막대로 풀숲을 탁탁 쳐가면서 꽃을 찾으러 갔어요." 하는 이야기를 웃으면서 하는데, 그렇게까지 위험을 무릅쓰고 구해온 것이라니 싶어 몸 둘 바를 모르게 됩니다. 들꽃들도 책을 잘 찾아보면 저마다 어엿한 이름이 있어, 정말이지 사랑스러워져요. 무로이 씨 덕에 다양한 화초들을 접하게 되었습니다. 산에 자생하는 사사백합의 수가 줄어든 것은 먹을 것이 없어진 멧돼지들이 백합 뿌리를 캐 먹어서라는 이야기도 그녀가 해주었어요. 꽃집에 가도 사사백합은 쉬이 보기가 힘듭니다. 닮아 보이는 꽃이 있어도, 사사백합의 그 청초한 자태와는 역시나 거리가 있습니다. 최근에 등장한 다양한 '백합'들은 주로 개량 품종이거나 해외에서 들여온 것이 많다는 이야기를 들었어요.

원래 차나무는 씨에서부터 나무를 키워 그 수를 늘려왔으나 메이지 시대 이후 차밭에서 우수한 찻잎을 선별해 그것을 새로운 품종으로 개발했고, 지금에 와서는 묘목에서부터 키우게 되었습니다. 많은 조상들의 피땀 어린 수고 끝에 다양한 품종이 개발되어 맛있는 차를 많이 만들 수 있게 된 것입니다.

짚신나물

가라스마마루타마치 근처에서 과자점을 하고 있는 우에무라 씨. 아내와 둘이서 '스하마'라는 과자를 만들어 팔고 계시지요. 콩가루에 물엿과 설탕을 섞어서 만드는 과자랍니다. 특히 과자 위에 눌러서 찍는 문양은 계절에 따라 디자인이 다른데, 쪼개기가 아까울 정도로 예쁘지만 그 맛은 또 담백하게 맛있어요. 가게 안에 작은 장식용 단이 있어, 신경을 쓴 듯 아닌 듯 언제나 계절에 어울리는 족자와 제철 꽃이 놓여 있습니다.

몇 년 전, 우리 정원에 만발한 '짚신나물' 모종을 나눠드렸어요. 말하자면 잡초에 가까운 화초이니 귀한 모종을 나눈 것도 아닌데도, 동네에서 아내분과 마주치기라도 하면 "벌써 싹이 텄답니다."라든가 "꽃망울이 맺혔어요." 하고 말을 걸어주시는 거예요. 얼마간 지나서 노란색 꽃이 피어난 '짚신나물'이 가게 안 꽃병에 꽂혀 있는 모습을 보았을 때는 꼭 금의환향한 아들을 보는 것 같은 기분이 들어 너무나 기뻤습니다.

떠들썩한 마루타마치 도리에서 한 걸음 들어가 "안녕하세요." 하며 가게 안으로 들어서면, 가게 안쪽에서 일을 하고 있던 남편분이나 아내분이 느긋한 표정으로 나오십니다. 그 순간 안쪽 포렴 너머 작업장의 새하얀 타일이 눈에 들어옵니다. 정말 티 없이 반짝이는 새하얀 타일을 흘긋 보는 것만으로도, 이 일을 대하는 자세와 이분들이 만드는 과자의 품격까지 단번에 느낄 수 있으니 참으로 신기한 일입니다. '스하마'는 달콤한 과자라서 넙죽넙죽 먹어댈 만한 것은 아니지만, 맛차나 센차에 곁들이기에 제격이라고 저는 생각하고 있습니다.

어느 과자에 어느 차가 잘 맞나요, 하는 질문을 자주 받곤 합니다. 역시 각자의 취향대로 고르는 것이 제일 좋지 않나 생각해요. 차 가게를 하는 입장에서는 차 그 자체의 맛도 충분히 즐겨주셨으면, 하고 언제나 바란답니다.

물 주기

　정원에 핀 화초들은 어찌나 정직한지요. 모든 것이 바짝바짝 마르는 나날이 계속되어 수분이 부족해지면, 완전히 축 늘어지고 맙니다. 속으로는 분노하면서도 아무것도 모른다는 듯한 표정을 지을 수 있다거나, 금방이라도 울음이 터질 것처럼 슬픈 와중에도 이를 악물고 그러한 내색조차 보이지 않는 것이 진정 어른의 증거일까요. 저는 정원에 있는 꽃과 거의 비슷한 수준이라 마음속의 생각이 고스란히 얼굴에 드러나서, 화내는 표정까지는 가지 않더라도 드라마, 영화를 보거나 가슴 아픈 이야기를 듣기만 해도 눈물이 펑펑 나오는 식이니 아직 내공이 한참 부족하다 싶어요.

정원에 물을 줄 때는 '물뿌리개'에 물을 담아 하나하나 위에서 천천히 물을 뿌려주는 것이 화초에게는 가장 좋을지도 모르겠어요. 하지만 아무래도 좀 번거로워져서, 호스를 쥐고 손가락으로 호스 끝을 눌러 수량을 조절하면서 물을 뿌려주고 맙니다. 집안일과 가게 일에 쫓기다 보면 여유롭게 '물뿌리개'를 쓴다는 건 아무래도 쉽지 않아집니다. 시아버지가 아직 건강하시던 무렵, 어디서 물소리가 나네 하고 정원을 내다보면 호스로 느긋하게 물을 뿌리고 계셨습니다. "그냥 뿌리기만 하는 것이 아니고, 이 뒷면에도 잘 뿌려줘야 해." 하시면서 시아버지는 동백나무 잎의 뒷면까지 꼼꼼하게 물을 뿌려주었습니다.

모든 화초의 뿌리 근처에 골고루 수분을 주겠다고 마음먹어도, 물을 뿌려주기 힘든 부분이 있습니다. 다른 식물 밑에 가려져, 물이 닿지 않고 계속 말라 있는 곳들이 있습니다. 이럴 때 저는 비의 위대함을 절실히 느낍니다. 어느 하나 차별하지 않고 모든 만물에 하늘의 은총을 공평하게 내려주니까요. 물론 홍수 같은 피해를 가져오는, 달갑지 않은 폭우도 있지만요.

차밭은 결코 평탄한 지형에만 있지 않습니다. 오히려 비탈진 산기슭에 펼쳐져 있는 경우가 많지요. 화초와 달리 나무인

만큼, 물을 머금는 것도 화초보다 조금은 낫다고 해요. 그래도 한계가 있습니다. 가뭄이 계속되는 여름철과 비가 적은 계절에는 할 수 있는 만큼 사람의 손으로 물을 줍니다만, 밭 전체에 물을 주기는 불가능합니다. 차밭과 이 산 저 산의 수목들 모두가 하늘에서 물을 내려주기를 간절히 바라고 있습니다. 다이몬지 산에 불을 피우는 행사가 끝나면[44] 부디 소원을 이뤄주시기를.

---

44 8월 16일 밤, 교토에 있는 다이몬지 산에 '대(大)' 자를 비롯한 한자 모양으로 불을 놓아 음력 7월 보름에 찾아온 선조들의 혼백을 다시 돌려보내는 행사를 치른다.

차 맞히기

대학생이 된 아들이 여름방학을 맞아 집에 돌아와 있을 때, 고등학교 친구들이 차례차례 찾아왔습니다. 다들 약간씩은 더 어른이 된 것처럼 보였습니다. 그중에 럭비를 하고 있다던 두 사람이 있었어요. 식사를 차려줬더니 보기만 해도 흐뭇해질 정도로 '팍팍' 먹어치우더군요. 식후에 센차를 마시고 싶다기에, 무심코 가족들에게 내듯이 우려주었습니다.

우리 집에서 가족끼리 차를 우려 마실 때는, 센차를 조금 큰 다완에 한 번씩 우립니다. 첫 번째 우려낸 것은 남편, 두 번째는 아들, 세 번째로 우린 차는 제가 마시지요. 하지만 손님을 초대한 경우에는 첫 번째 우린 차를 동일하게 세 잔에 나누어 붓고, 두 번째 우린 차도 똑같이 나누어 그 위에 부어주는 식으로 가급적 맛이 동일하게끔 만듭니다.

잠시 있자니 식탁 쪽에서 "이게 그건가?" 같은 이야기가 오가며 시끌시끌해지더군요. 무슨 일인가 싶어 들여다보자, 어느 쪽이 몇 번째 우려낸 차인지 다 같이 맛을 보면서 맞혀보고 있었습니다.

"첫 번째 우린 차랑 두 번째 우린 차는 맛이 달라?" 하는 친구의 말에 "그야 다르지. '재탕 차' 같은 말도 있잖아" 하고 아들이 설명을 보태고 하더군요.

사실 방식은 좀 다르지만 예로부터 각각 다른 산지에서 난 차들을 몇 종류 모아서 우린 다음 맛과 향을 보면서 어느 산지의 차인지 맞히는 '차카부키'라는 놀이가 있었습니다. 무로마치 시대에는 '투차'라는 이름으로 서민들 사이에서까지 유행했다고 하지요. 지금도 차 조합에서는 심사 기술을 익힌다는 목적으로 행하고 있으며, 우리 가게에서도 매년 마수걸이가 끝나면 조금 더 간단한 방식으로 전 직원이 모여서 이 놀이를 한답니다.

머리도 염색하고 그야말로 '요즘 대학생' 같은 아들이지만 부모의 눈으로는 엊그제까지만 해도 아기였는데 싶지요. 말을 빨리 익힌 편은 아니었던 아들이 드디어 알아들을 만한 단어로 처음 꺼낸 말이 "맘마" 다음으로 "차"였던 것이 떠올랐습니다.

세월이 흐르고 오랜만에 집에 돌아와서, 평소와는 다른 방식으로 센차를 즐기고 있는 모습을 보자니 그렇게 흐뭇할 수가 없었습니다.

햇볕 쬐기

시어머니와 일광욕에 대한 이야기를 나눈 어느 날이었습니다.

"오늘은 발목만, 내일은 무릎까지. 세츠코도 그렇도 다카시도 그렇고 아기였을 때는 조금씩 햇볕을 쬐어 그을리게 했지. 그땐 그랬어." 그런데 지금은 직사광선 속의 자외선이 두려움의 대상이 되어, 일광욕이란 말도 안 되는 시대가 되었습니다. 제가 어렸을 때만 해도 여름방학이 끝나고 개학을 하면 다들 피부를 얼마나 까맣게 태웠는지를 놓고 경쟁을 했는데 말이에요. 최근에는 육아 방식도 다양한 이론에 따라 점점 달라지고 있습니다.

이불을 햇볕에 쬐어 말리면 보송보송해지는 것이, 세탁물을 햇빛에 말리는 것과는 또 다릅니다. 저는 무엇보다도 이불에서 나는 햇빛의 냄새가 너무 좋았는데, '거저 내려주는 은총 가득한 햇빛'이라는 통념은 사라졌습니다. 우리가 살고 있는 환경이 변하면서, 직사광선 속에는 인간의 피부에 해가 되는 물질도 있다는 사실이 판명된 것입니다. 자외선 차단 크림도 해수욕할 때나 바르는 것을 넘어서, 이제는 모래밭에서 뛰어 노는 아이들에게도 꼭 발라줘야 할 것이 되었지요.

"차나무에도 수명이 있어요."라는 말을 들었습니다. 아무래도 수령이 있는 나무에서 상급의 찻잎이 생산된다고 생각하기 쉽습니다. 진한 차로도 쓸 수 있는 맛차를 생산해내는 나무는 수령이 백년 이상이어야 한다, 노목일수록 감칠맛이 있어 맛있는 찻잎을 많이 수확할 수 있다, 이러한 주장은 사실 틀린 것이라 합니다. 새로 심자마자 수확하는 것은 불가능하지만 5년 후쯤부터 수확이 가능해지며, 10년에서 15년 후 정도가 나무가 가장 건강한 시기로 이때 맛있는 차를 많이 생산해낸다고 합니다. 사과밭이나 배밭에서도 맛있는 열매를 가득 맺는 것은 장년기를 맞이한 나무들로, 노목이 되면 수확이나 그 품질은 아무래도 떨어지게 된다고 해요.

　　그렇다면 우리 인간도 식물과 마찬가지일까요. 아니, 단순히 젊고 체력이 있을 때가 제일인 것은 아니겠지요. 지혜와 지식을 익히고 인생 경험을 쌓으며 해를 거듭할수록 빛을 발하고 열매를 맺는 것이 사람의 일생입니다. 이 통념만큼은 뒤집히는 일이 없기를, 저는 간절히 바라고 있습니다.

맛

'맛있는 것을 정말로 맛있다고 느낀다.' 이것이 가능하다는 것은 정말이지 행복한 것이라는 생각을 합니다. 충치가 생겨 이가 아프기 시작하거나, 위장이 좋지 않아 식욕부진에 빠지거나, 나이에 따라서는 상사병에 걸리거나……. 그럴 때는 아무리 맛있는 것이 앞에 있어도 제대로 맛을 느낄 만한 여유 따위 없지요. 몸과 마음이 모두 건강하고 좋은 상태에 있는 것이 무엇보다 중요합니다.

슈퍼나 백화점의 식품 매장에 가보면, 이미 가공이 끝난 상태여서 따뜻하게 데우기만 하면 되는 식품들이 한가득입니다. 양념도 다 되어 있고, 하루하루 바쁜 분들이나 혼자 사는 분들에게는 이보다 편리한 것이 없을지도 모르겠어요. 하지만 개중에는 품질을 오래 유지할 목적으로 넣는 첨가물과 감칠맛을 부각시키기 위한 화학조미료가 들어간 것들도 있다고 하지요.

막 결혼했을 무렵, 시아버지께서 요리에 간을 할 때는 가급적 자연에 있는 재료들을 쓰라는 말씀을 하셨어요. 혀가 화학조미료 맛에 익숙해지면 미각이 마비되어, 미묘한 차의 맛을 분별해낼 수 없게 되기 때문입니다. 평소 다시마와 가다랑어포(가쓰오부시)로 '육수'를 내서 쓰는 버릇을 들이면, 외식 등에서 화학조미료를 쓴 음식을 먹었을 때 압도당하고 맙니다. 천연재료만 써서 만든 음식에는 뭐라 말로 표현할 수 없는 감칠맛이 감돌지만 다 먹고 난 후에는 그 맛이 깔끔히 사라집니다. 반면 인공적인 재료를 넣어 만들어낸 맛은 '감칠맛'이 단번에 퍼지고, 기묘한 뒷맛이 입안에 계속 남기 때문이지요.

아는 구강외과 선생님에게서 최근 무엇을 먹든 맛이 느껴지지 않는 미각장애를 겪는 사람들이 늘어나는 추세라는 이야기를 들었습니다. 이 장애를 일으키는 한 가지 원인으로, 가공식품 속 첨가물에 들어 있는 물질이 체내 아연 부족을 유발한다는 점이 꼽힙니다. 아연은 우리 몸에서 차지하고 있는 비중은 매우 적으나 반드시 있어야 할 미네랄 성분입니다. 굴 등에 풍부하게 함유되어 있는 이 아연이 무려, 맛차에도 있다는 사실이 새롭게 주목을 받고 있습니다. 맛차를 맛있게 마셔주시는 것은 '차로 대강 얼버무리는'[45] 것이 아니라 사실은 '차로 맛을 분명히 분별할 수 있게 되는' 것입니다.

45 일본어에서 직역하면 '차를 흐리게(탁하게) 만들다'라는 표현이 '말을 얼버무리다, 적당히 그 자리를 넘기다'라는 뜻의 관용어로 쓰이는데, 그것을 빗대어 이야기하고 있다.

달력

새해가 시작될 때부터 벽에 걸어둔 커다란 일력. 설날 즈음에는 자칫 발치에 떨어뜨렸다간 다치겠다 싶을 정도로 두툼했습니다.

하지만 한 장 한 장 뜯어낸 종이 자국들이 점점 늘어가면서, 많이도 얇아졌습니다.

이것을 보고 있으면 '일립만배일(一粒万培日)', '삼린망(三隣亡)' 같은 평소 잘 들어보지 못한 단어들이 쓰여 있어 흥미가 당깁니다.

신차가 나올 무렵 교쿠로를 생산하시는 분을 방문해서 이런저런 이야기를 들은 적이 있습니다. "이상 기후라고 싸잡아서 이야기하지만, 농가에서의 일은 그런 것에 휘둘리지 않아요. 옛날부터 써온 다른 달력이 있어서 파종하기 좋은 날이라든가, 각 집마다 정해져 있어요." "그러니까 비가 적어서 물이 부족할 때 이런 적이 처음이니 뭐니 해도 달력을 거슬러 올라가보면 몇 년 주기로 꼭 돌아오거나 한다니까." "이 달력만 잘 따라가면 문제없어요." "물론 관리가 가장 중요하긴 하지만, 결국은 자연의 힘으로 차가 잘 되는 해가 있으면 잘 안 되는 해도 나와요" 하고 이야기해주셨습니다.

현재의 달력이 제 몸처럼 익숙한 저로서는 차 농가에서 예로부터 사용해왔다는 음력의 자연스러운 리듬이 너무도 신기하게 다가옵니다.

저는 연말이 다가올 때면 항상 재미있는 달력을 삽니다. 바로 '문(moon) 캘린더'입니다. 매일 밤하늘에 보이는 달의 형태를 그림으로 나타내, 달이 차고 이지러지는 모습을 그린 달력입니다. 이 달력을 친분이 있는 프랑스인 부부에게 선물했더니 어찌나 기뻐하던지요. 달나라가 부풀어올랐다, 말라가고 있다. 어머나 이런, 오늘은 숨어 있네, 하며 그들의 고향에서 저를 생각하며 이야기한다고요. '월례'[46]라는 단어도 있지만, 달에 비추어 저를 생각해준다는 것은 또 얼마나 황송한 일인지요.

그러고 보니 야마가타 출신의 제 지인도 생각납니다. 그녀는 어렸을 때 '유희'를 배운 날은 온 가족 앞에서 보여주는 것만으로는 성에 차지 않아, 정원으로 나가 달님 앞에서 "보세요, 보세요." 하며 춤을 췄다고 해요. 달이 아름다운 가을날, 슬슬 서점에는 내년 달력이 나오기 시작할 즈음입니다.

46 이에 해당하는 일본어 단어 '츠키나미(月並)'는 다달이 하는 정례라는 뜻과 함께 '새로운 것이 없는' '평범한' '진부한'이라는 의미도 가지고 있다.

열매

초가을에 접어들면서 공기가 맑아져 시내에서도 밤하늘의 별이 여느 때보다 선명히 눈에 들어옵니다. 저 우주 어딘가에서는 우리들과 똑같은 생물이 살고 있을까, 문득 생각해봅니다.

아침 일찍 고쇼(교토 교엔)에 산책을 가보니, 예쁘게 떨어져 있는 솔방울들이 눈에 띄었습니다. 책에서 읽었던, 영국에서 기묘한 모양으로 밟힌 자국이 남은 보리밭 이야기가 생각나 이것이 혹 우주인이 보낸 메시지는 아닐까 같은 상상도 해봤지만 사실은 전날 아이들이 뛰어논 흔적인 것이 분명했지요.

가을이 되면 소나무는 마치 2세대 주택처럼 갈색 솔방울 끝에 어린 녹색 열매가 여럿 맺힙니다. 모밀잣밤나무, 상수리

나무 열매도 맺히기 시작합니다.

　아들이 초등학생이었을 때, 가깝게 지내던 어느 농가에서 "기묘하게 반짝이는 도토리를 발견"했다는 이야기를 듣고, 가라스마 마루타마치 근처의 마른 수로에 떨어져 있는 도토리를 찾으러 간 적이 있습니다. 하얗던 그 열매는 바지 끝에 대고 문지르자 눈부시게 반짝반짝해서, 재빨리 주워모아 집으로 가져와서는 바구니에 담아 장식해두었습니다.

　동백나뭇과인 '차나무'[47]도 아기자기한 흰 꽃과 동백나무 열매를 닮은 열매를 맺는 경우가 있습니다. 일반적으로 식물은 번식을 목적으로 꽃을 피우고 열매를 맺습니다. 그러나 차나무 같은 경우 농가에서 사람의 손길로 관리를 해주면 차나무가 번식에 대한 걱정을 하지 않아도 되므로 꽃과 열매를 맺지 않으며, 그만큼 잎에 양분이 집중되어 보다 품질 좋은 차를 생산하게 된다고 해요. 그런데 자연의 리듬이 있는 것인지, 사람의 손길이 닿는 차밭에서 귀여운 꽃이 피어나는 해도 있습니다.

　단풍나무도 〈도라에몽〉에 나오는 대나무 헬리콥터처럼

47　우리 표준국어대사전을 보면 '차나무'는 차나뭇과이며 '동백나무' 역시 차나뭇과로 소개되어 있다.

생긴 씨앗을 잔뜩 맺지요. 정원의 이끼 위에 내려앉아서 초봄에 자그마한 단풍나무 싹이 빼꼼 올라오면 이끼 관리가 보통 일이 아니게 된다고, 일전에 엔리안 사원의 주인분이 이야기하시더군요.

그렇지만 나무 한 그루가 산더미 같은 열매를 맺어도, 씨앗이 나무로 자라 다음 세대를 책임지는 경우는 극도로 적습니다. 이것이 자연의 '섭리'라는 것일까요.

향기

가을은 비와 함께 깊어져가는 것 같아요.

늦가을에 겨울을 부르듯 내리는 '가을 소나기'도 그렇지만, 어느새 피부에 닿는 선득한 느낌에 뭔가 걸칠 옷을 찾으면서 비가 개고 나면 옷 정리를 해야겠구나 생각하게 만드는 10월의 비도 그렇습니다.

비가 오면 공기가 차분히 가라앉아 코가 예민해지는 탓인지, 비 오는 날 특유의 냄새가 나는 것 같아요.

"어머, 벌써 금목서 향이 나네…… 이거 봐."

가랑비 속에서 무심코 우산을 젖히고, 꼭 킁킁거리는 개처럼 코를 실룩였습니다. 그런데 아무리 주변을 둘러봐도, 나뭇잎 사이사이로 작은 꽃이 밤하늘에 쏟아진 별처럼 흐드러지게 피어 있는 나무는커녕 오렌지색 카펫이 깔린 듯한 길도 없었습니다. 그렇지만 분명히 이 주변에 그 나무가 있다고, 저는 탐정이라도 된 것처럼 생각했습니다.

언제부턴가 금목서의 향이 방향제로 쓰이기 시작하면서, 그 비슷한 향을 언제든 맡을 수 있게 되어 가을의 상징과도 같았던 의미는 퇴색되고 말았습니다. 그렇지만 자연에서 피어난 꽃이 풍기는 그 향기는 강한 와중에도 어딘가 형언할 수 없는 '덧없음'을 품고 있어 더한층 사람을 매료하는 듯합니다.

그러고 보니 최근에 '차 향로'라는 것이 많이 팔리고 있다고 하지요. 찻잎을 도자기 그릇에 담고 그 밑에 양초를 피워, 은은한 차향을 즐길 수 있게 만든 것입니다. 향을 피우는 대신 찻잎을 쓰는 것은 향긋한 냄새와 함께 퍼지는 '덧없음'을 느끼기 때문이 아닐까요.

거칠게 꼬아진 잎과 줄기에 진득하게 열을 가하는 '호지차' 작업을 하는 아침이면 제일 먼저 나는 냄새가 바로 이 '차 향로'에서 풍기는 냄새와 비슷한 것 같아요.

금목서의 향에 몸을 맡기고, 막 뜨겁게 우려낸 호지차를 후후 불어 식혀가면서 마시는 것이 하나의 즐거움이 되었습니다. 밤으로 만든 찐 양갱이나 만주가 차에 잘 어울리는 이 계절, 재봉에서의 반박음질처럼 앞으로 갔다가 돌아왔다가 하며 가을은 착실히 깊어지고 있습니다.

자세

"엄마, 나, '센조' 걷기 잘한다고, 선생님이 그랬어." 아들이 어렸을 때 유치원에서 다녀와 한 말이었습니다. '센조'라니, 화들짝 놀랐던 기억이 납니다. 아들은 자신만만한 얼굴로 다다미의 가장자리를 밟고 가장자리 선에서 벗어나지 않도록 똑바로 따라 걸었습니다. '센조'라는 것이 '전쟁터'를 뜻하는 단어가 아니라, 가슴을 펴고 중심을 딱 잡고 천천히 잘 걷는다는 의미의 '선상(線上) 걷기'라는 뜻이었던 겁니다.[48] 그것은 유아기에 정신을 집중해 신체의 균형을 잘 잡을 수 있도록 해주는 매우 중요

---

48 전쟁터를 의미하는 '전장(戰場)'과 선 위에 있다는 뜻의 '선상(線上)' 이 두 단어의 일본어 발음이 '센조'로 동일하다.

한 연습이었습니다.

교토에 살면서, 해외에서 온 관광객들을 자주 보게 됩니다. 키가 큰 사람, 체격이 대단히 좋은 사람, 빼빼 마른 사람 등 가지각색인 와중에 걷는 방식, 걷는 자세는 우리들보다 보기 좋고 척척 잘 걷는다는 생각을 종종 하는 것이 저만은 아니겠지요. 보고 있으면 그 당당한 움직임에 눈을 뗄 수 없게 됩니다. 물론 몸집이나 골격에서 뭔가 차이가 있는 건지도 모르지요.

하지만 그렇다손 치더라도 저를 비롯한 많은 일본인은 허리가 곧게 펴져 있지 않거나 등이 굽어 있어 당당하게 걷는 자세와는 거리가 멉니다. 긴 다리에 세련된 스타일을 자랑하는 요즘 아가씨들도 하이힐을 신은 탓에 무릎을 굽힌 채로 걸어다니는 모습을 보고 있자면 그저 안타까워집니다.

다도에서는 다다미의 가장자리는 밟지 말라고 하지만, 행동거지의 원리를 살펴보면 어린아이가 '선상 걷기'에 도전하는 동작과 매우 닮아 있습니다.

다도 연습을 해보면 초보자분들은 너무도 긴장을 많이 한 탓에 같은 쪽의 팔과 다리가 동시에 나온다거나, 어깨에 힘이 잔뜩 들어가 모든 동작이 어색해지기 마련입니다. 그럴 때 선생님이 "배꼽보다 살짝 아래쪽에 있는 단전에 의식을 집중하세요." 하고 이야기하시지요.

의식을 집중하게 되면 이상하게 굽어 있던 등도 곧게 펴지고, 몸 전체를 사용해 자연스러운 동작이 나옵니다. 평소에도 이렇게 의식하면서 생활해야지 하면서도 저는 무심코 잊어버려서, 창문에 비친 제 모습에 깜짝 놀라곤 하지만요.

석별

　'좋아하는 것' 중에는 직감적으로 정말 좋아하게 되는 것과, 어른이 되어서야 좋다는 것을 알게 되는 것이 있습니다.

　초여름에서 가을 사이에 피는 '두견새' 꽃[49]. 제가 이 꽃을 좋아하게 된 것은 그야말로 어른이 되고 난 이후입니다. 꽃잎에 자잘하게 나 있는 반점 무늬가 두견새의 가슴께와 닮아서 이러한 이름이 붙었다고 전해집니다. 예전에는 이 무늬가 징그러워 보이기까지 했어요. 하지만 어느 순간 얌전한 색깔로 맺혀 있는 꽃망울의 모양도, 꽃의 무늬도 귀여워 보이더군요.

49　털뻐국나리(학명 Tricyrtis hirta)를 가리킨다.

바구니나 꽃병에 꽂아두면 꽃이 진 다음 위로 삐죽하고 올라오는 열매도 그 자체로 매력이 넘치는데, 가을 분위기가 물씬 느껴져 그저 사랑스럽다 싶어지니 신기할 따름입니다.

한편 어린아이나 처음 사랑을 하고 있는 두 사람이라면 생각을 잘 하지 않을 '이별'에 대해 이야기해볼까요. 나이를 먹어갈수록 연인 간의 사랑을 떠나서 많은 사람과 많은 것들을 만나고 또 그만큼의 '이별'을 겪습니다. 마음이 식어서 헤어지는 것과는 좀 다를지 모르겠지만, '지금까지 곁에 있었던 것과 헤어진다'는 것은 끝끝내 남는 아쉬움이라는 특별한 감정을 불러일으킵니다. 흘러가는 계절 속 덧없는 봄과 가을을 아쉬워하는 마음도 이와 비슷할까요.

우리가 다도 연습을 할 때 쓰는 다실에서도 5월부터 꺼내 썼던 '풍로'를 10월 말에는 정리해 넣고, 11월까지는 다다미를 바꿔 깔며 '화로'를 놓을 준비를 합니다. 풍로에서 쓰는 도구들을 손질하고 정리해 넣으면서, 계절의 변화를 실감합니다.

다도에는 '석별의 차'라는 것이 있어서 조금 찌그러진 풍로, 이가 빠진 자리를 때운 다완 같은 것들을 사용해 이 계절의 '투박하고 간소한' 정취를 즐긴다는 내용을 책에서 읽었습니다.

마루에 장식해둔 바구니를 가득 채운 꽃들 사이에는 '두견새' 꽃도 섞여 있어, 한층 깊은 멋을 자아내는 것이겠지요.

옛날 엽차를 단지에 보관하던 시절에, 그 잎을 거의 다 써서 단지가 빌 때가 마침 이 시기와 겹쳤답니다. 하지만 보관 기술도 발전해온 지금은 맛있는 맛차를 언제라도 구할 수 있어요. '투박하고 간소한' 정취라는 말을 꺼냈지만, 차는 풍미가 떨어지기 전에 다 드셔주시기를 바랍니다.

해질녘

데라마치 도리로 나 있는 우리 가게 앞에는 한낮에는 잘 보이지 않지만 다호의 모양으로 장식한 작은 네온사인이 있습니다. 형광등을 이용한 전광식 간판이 많은 와중에 언제 단 것인지는 모르겠지만, 낡은 목조 건물에 기묘하게 어울린다 싶어요.

반짝이지도 않고 빨간색과 초록색과 물색 불이 그저 들어와 있는 간단한 장치로, 저녁 무렵 어두워질 때부터 영업을 마칠 때까지 불을 밝히고 있습니다. 여름철은 낮이 워낙 길다 보니 이 네온사인을 켜는 것을 자꾸 잊어버리게 돼요. 하지만 확실히 해가 빨리 지는 가을겨울에는 결코 잊어버리지 않습니다.

스위치를 누르면 네온에 불이 팍 들어오면서, 정겨운 마음 한 구석을 따뜻하게 채워주는 빛의 콤비네이션이 이루어집니다.

해 질 녘이라는 시간에는 뭐라 말할 수 없는, 사람을 감상적으로 만드는 매력이 있습니다. 어스름해지는 저녁 속에 집집마다 하나둘씩 켜지는 불빛들을 보고 있으면 마음이 훈훈해집니다. 어느 불빛 아래에서는 마냥 즐겁다고는 할 수 없는 일상이 흘러가고 있을 수도 있겠지만, 저는 그저 입을 다문 채로 고요하고 따스하게 바라볼 뿐입니다.

그러다 서늘해진 공기를 들이마시면 여기저기에서 저녁밥을 짓는 다양한 냄새가 저에게 전해집니다. 어느 집에서는 생선을 굽고, 어느 집에서는 카레나 스튜 혹은 뭔가를 조리고 있는 듯한 냄새를 풍기지요. 이것은 평화롭고 정겨운 생활의 냄새입니다.

대학생 때 부모님이 있는 집을 떠나 대학교 기숙사에서 살았던 경험이 있습니다. 저녁에 기숙사로 돌아가면 동료들이 잔뜩 있어 결코 조용하지 않았는데도, 그렇게 돌아가는 길에 해 질 녘에 맡던 이 냄새를 만나는 순간이면 고향집이 너무도 사랑스럽게 떠오르던 것이 지금도 생생합니다. 지금 엄마는 주방에서 뭘 하고 있을까 하며 서쪽 하늘을 바라보곤 했습니다.

　　다시 돌아와서, 가게를 마감할 시간이 거의 다 되었을 때 "차 단지 네온이 안 꺼졌길래, 아직 영업 중인가 보다 해서요. 엄청 뛰어왔는데 다행이다." 하며 손님이 차를 사겠다고 헐레벌떡 들어오신 거예요. 포렴을 떼고 바깥쪽의 나무문을 닫은 후 네온까지 끌 무렵이면 늦가을의 하루도 완전히 저문답니다.

자전거

'낙이 있으면 고생도 있고, 고생이 있으면 낙도 있다.' 초등학교 2학년 때 담임선생님이 자주 하시던 말입니다. 물론 인생에 대한 교훈 같은 것이 아니라, 아이들이 어려워하는 한자나 산수 연습문제를 계속 풀게끔 만들려고 하신 것뿐이지만요.

자전거를 타고 삼면이 산으로 둘러싸인 교토 시내를 돌다 보면 금방 이 말이 생각납니다. 남쪽에서 북쪽으로 이어지는 완만한 비탈길. 발로 직접 달려보면 별로 느껴지지 않지만, 자전거를 타고 지나가면 페달의 가볍고 무거운 정도에 따라 경사가 어느 정도인지 바로 알게 됩니다.

시내 거의 한복판에 자리한 우리 집에서 북쪽을 향해 가는 길은 살짝 오르막길입니다. 그에 따라 발에 조금 더 힘을 주며 길을 따라 올라갑니다. 돌아오는 길은 페달을 한 번 밟아주면 그대로 다음 교차점까지는 알아서 바퀴가 굴러갈 정도의 내리막이라 정말 편해요.

그러고 보니 언제부터 자전거를 탈 수 있게 되었나 생각해 보면, 꽤 오래 보조바퀴를 떼지 못하고 덜덜 소리를 내며 자전거를 타고 다녔던 어린 시절의 제가 떠오릅니다. 그러다가 어느 날 큰마음 먹고 보조바퀴를 뗐습니다. 뒤를 잡아달라 부탁하고, 몇 번을 나동그라진 끝에 균형을 잡을 수 있게 되어 흔들흔들하면서도 혼자서 자전거를 탈 수 있게 되었습니다.

두 손을 다 놓고 타는 것까지는 못하지만, 보조바퀴를 드디어 떼어버렸던 그날의 상쾌한 기분만은 지금까지도 잊지 않고 있습니다.

4월에 우리 가게에 들어온 신입 직원들도 반년쯤 지나면 한 사람 몫의 일을 할 수 있게 됩니다. 하지만 이것저것을 다 배운다 한들 '어떤 차 종류든 언제나 맛있게 우려서 손님에게 낼 수 있다'는 자신감은 그리 쉽게 붙지 않습니다. 결국 선배에게 넘기거나, 기회를 날려버리는 경우가 많은 것 같아요.

하지만 마음을 단단히 먹고 도전했다가 "잘했네.", "아까 맛있었어." 같은 한마디를 듣게 되면 갑자기 자신이 붙어 홀로 설 수 있게도 됩니다. 그럴 때 저는 아아, 드디어 보조바퀴를 떼어버렸구나, 하고 흐뭇하게 바라보지요.

단풍

이 계절이 오면 나무들마다 울긋불긋 단풍이 들어 군데군데 보이는 숲도 아름답고, 땅바닥 곳곳에 흩뿌려진 나뭇잎들도 알록달록하니 예쁩니다. 나무들뿐만 아니라 발밑에 있는 '개여뀌', '짚신나물', '삼백초' 같은 화초들도 꽃잎을 붉게 물들여, 꼭 다른 종류의 식물인 것처럼 보입니다.

미국 보스턴 근방과 캐나다 동부에 서식하는 '단풍나무', 파리의 '마로니에' 같은 나무들도 가을이 되면 단풍이 드는데, 그것이 그렇게도 절경이라고들 합니다. 하지만 왠지 모르게 '덧없음'이나 '쉬이 스러져가는 것'에 마음을 빼앗긴다는 점에서는 일본의 다양한 나무들이 보여주는 단풍이 더 분위기가 있다고 생각해요.

'동백나무' 같은 상록수는 이때쯤부터가 꽃을 피우는 계절입니다. 파릇파릇하고 생기 있는 잎들이 잔뜩 우거지고, 꽃봉오리가 가득 맺힙니다. 그런데 같은 상록수여도 '굴거리나무' 같은 경우는 조금 다릅니다. 어린잎이 자라고 나면 해묵은 잎들이 마치 낙엽수처럼 노란색으로 바뀌며 떨어집니다. 여기에서 이름이 유래되어, 새해를 축하하는 장식물로 쓰이게 되었다고 합니다.[50]

곳곳에 흩뿌려진 예쁜 단풍잎과 감잎들도 시간이 지나면서 돌돌 말리거나 바삭하게 말라 부서져갑니다. 읽고 있는 책 사이에 끼워두는 것도 좋겠지요. 그런데 지인이 "예쁜 나뭇잎은 한 번 씻어서 물기를 잘 닦아낸 다음 비닐봉투에 넣어 냉동하는 거야." 하고 가르쳐주었답니다.

이렇게 해두면 음식을 담은 그릇에 곁들여 장식할 수도 있고, 나뭇잎을 접시 대신 쓸 수도 있습니다. 무엇보다 냉동실 안이 화사해지는 듯해 기분이 정말 좋아진답니다.

---

50 '굴거리나무'를 가리키는 일본어 단어인 '譲り葉(유즈리하)'는 '양도'한다는 뜻의 '유즈리'에 나뭇잎을 뜻하는 '하'를 붙인 단어이다.

선물

지난번에 한 손님이, 결혼식에 초대한 손님들에게 드리는 답례품으로 차를 이용해 자신들만의 특별한 선물을 준비하고 싶다며 상담을 해오셨습니다. 정해진 예산 안에서 두 분이 찾은 봉투에 호지차와 센차, 교쿠로 티백을 담아서 드리는 건 어떤가요, 하고 권해드렸습니다.

차나무는 한 번 심으면 절대로 다시 바꿔 심을 수 없으며 뿌리가 땅속 깊이 똑바로 뻗어나간다는 점에서, 어느 지방에서는 지금도 약혼의 상징으로 쓰인다고 합니다. 또 찻잎을 따고 또 따도 계속해서 새싹이 돋아난다는 점에서, 경사스러운 날에 축하의 의미로도 쓰입니다.

손님들이 선물용으로 구입해 가실 때 붙여드리는 '노시' 장식 곁에 글씨를 쓰는 일은 시어머니가 건강하시던 무렵에는 시어머니가 하셨는데, 지금은 제가 붓으로 써서 드리고 있습니다. 병에서 회복한 분께 문안을 가며 드리는 선물로 차를 활용하시는 경우도 있습니다. 시어머니는 "옛날에는 '완쾌 축하'라고 했는데 말이지." 하고 의아하게 여기셨지만, 요즘에는 '쾌유 축하'로 써달라는 부탁대로 해드립니다. 전혀 모르는 분이긴 하지만, 저는 이 노시 장식에 글씨를 쓸 때마다 무심코 마음속으로 '아아, 건강해지셔서 다행이다' 하고 생각하게 됩니다.

　집안사람들끼리 출산을 축하하며 선물하는 차에 글씨를 쓸 때는 갓난아기의 이름 한자 옆에 독음도 써드립니다. 분명히 이 이름도 부모가 열심히 생각하고 생각해서 지어준 것이겠지, 하는 즐거운 상상을 합니다. 물론 최근에는 아기 이름에도 많은 변화가 있지만요.

　돌아가신 분이 차를 좋아하셨다는 이유로 차를 제사에 올리기도 합니다. 계명(戒名)을 보면서 이분은 음악을 좋아하셨던 걸까, 등산을 좋아하시는 분이었을까, 하고 이런저런 생각을 해봅니다.

그렇지만 무엇보다 신경을 쓰는 것은 글자를 잘못 쓰지 않는 것입니다. 이것이 정말이지 어렵답니다. 이름으로 독특한 한자를 쓰는 경우도 있고, 상용한자에 포함되지 않는 글자도 있습니다. 한일(漢日)사전은 물론이고, 가로획 하나가 더 있나 없나를 확인하기 위한 돋보기도 반드시 있어야 합니다. 요즘은 컴퓨터에도 문자를 능숙하게 배치해주는 프로그램이 있어, 손으로 쓰는 것만이 전부는 아닙니다. 하지만 선물을 건네는 사람을 대신해 글을 써드리는 것이니만큼, 마음을 담는다는 것은 이런 것이겠지요.

차뿐 아니라 무엇에든 해당되는 말이겠지만, 상대의 가족이나 취향도 깊이 고려해 고른다면 한층 멋진 선물이 될 거예요.

고양이 손

만담 중에, 후후 불어서 식히는 동작을 흉내 내며 뜨거운 것을 마시는 장면이 있습니다. 목을 통과해 내려가면서 저도 모르게 "하아" 하는 소리를 내는 것을 보면, 너무도 맛있게 들립니다.

예전에 오래된 교토 요리 전문점의 주인이 파리에서 프랑스인에게 그 요리를 소개한다는 취지의 방송을 보았습니다. 그 때 가장 인상에 남았던 것은 뜨거운 국물이 가득한 니모노완[51]이 나왔던 장면이었습니다. 저도 뜨거운 것은 식지 않도록 뜨

---

51 커다란 그릇에 생선이나 닭고기, 야채 등 건더기를 풍성하게 넣어 주로 건더기를 건져 먹는 국물요리

거울 때 내고 차가운 것은 차가울 때 내는 것이야말로 손님 대접의 기본이라고 배운 적이 있습니다.

그런데 프랑스인, 그것도 일식에 관심이 많을 사람들이건만 그들에게는 국물을 '후루룩 마시는' 동작이 매너에 위반되는 것이기라도 한지 모처럼 '뜨겁게' 내온 것을 제대로 즐기지 못하는 모양새였습니다. 프랑스인 중에는 뜨거운 것을 잘 못 먹는 '고양이 혀'가 많은 걸까, 하는 생각마저 들었습니다. 후후 불거나 후루룩 하고 조금씩 마시며 적당히 먹을 수 있을 만큼 조절하는 것은 우리의 생활에 밴 지혜인지도 모르겠어요.

그러고 보니 우리 아들도 뜨거운 것을 못 먹기로는 한 '고양이 혀' 합니다. 아들과 마주앉아서 우동 같은 걸 먹을라치면 참 큰일이 벌어집니다. 젓가락으로 뜬 우동 면을 식히겠다고 있는 힘껏 후후 불어대거든요. 여자애랑 데이트할 때 이런 건 좀 주의해야겠다…… 하고 생각하는 건 엄마의 쓸데없는 오지랖일까요.

아무튼 차에도 여러 종류가 있는데, 호지차와 반차는 뜨거운 물을 그대로 사용해 차를 우립니다. 만담에서 나온 차는 분명 여기에 해당하겠지요. 교쿠로와 센차는 뜨거운 물을 식힌 다음 우리는 편이 본연의 맛을 즐길 수 있습니다.

그래서 센차 같은 경우, 찻잔에 뜨거운 물을 한 번 부은 다음 그 물을 규스에 옮겨 담기를 추천합니다. 그러면 찻잔도 따뜻하게 데워지고, 찻잎에도 딱 적당한 온도가 됩니다. 교쿠로 같은 경우, 뜨거운 물을 찻잔에 세 번 정도 옮겨 따르면 간단히 식힐 수 있어 적절한 온도로 만들 수 있습니다. 따뜻한 차 한 잔이 잠깐 한숨 돌릴 수 있게 해주는 계절입니다.

뜨거운 것을 잘 만지지도 못하는 우리 '고양이 혀' 아들에게 조금 두께가 얇은 찻잔을 주게 되면 난리가 납니다. 우리 집에서는 이것을 '고양이 손'이라고 부른답니다.

무역

　최근 채소가게 앞에 진열되는 채소들을 보면 굉장히 국제적입니다. 국내에서는 수확 철이 끝난 오크라는 필리핀산, 그린 아스파라거스는 태국산……. 신선도를 유지하며 운송하는 것이 가능해진 덕분이겠지요.

　메이지유신 이후 식산흥업(殖産興業) 정책의 일환으로 해외에 수출한 품목을 들자면 첫 번째로 꼽히는 것이 '비단실'입니다. 하지만 수출 금액으로 따져보면 거의 바로 다음으로 오는 것이 '녹차'라는 사실은 그다지 많이 알려지지 않은 것 같아요.

　우리 가게에도 보면 수출용으로 디자인한 다례 라벨이 남아 있는데, 요코하마나 고베에 거주했던 외국인 무역상들을 통해 거의 대부분 미국으로 수출되었다고 하지요. 지금으로 치면 '가전제품'이나 '자동차'와 비슷할까요. 차 업계가 한때는 각광받는 수출산업이었다는 사실은 아무래도 조금 놀랍습니다.

쓰노야마 사카에의 『차의 세계사』에 따르면 그 무렵 미국에서는 커피와 홍차와 녹차 간 시장 획득 경쟁이 치열하게 벌어진 끝에 커피가 우위를 차지하게 되었으며, 메이지 시대 말엽에는 미국으로 수출되는 녹차의 양도 거의 없어지다시피 했다고 합니다. 당시 미국에서는 녹차에 설탕과 우유를 섞어서 마셨다고 해요.

영국의 홍차도 아주 오래전부터 마셔온 것으로 생각하기 쉽지만, 사실 홍차의 역사는 대항해시대가 열리고 동인도회사가 설립된 이후에야 시작된 것입니다. 일본사로 설명하자면 에도 시대 초엽부터인 셈입니다. 초반에는 녹차 취급량이 많았는데, 끝내는 홍차를 마시는 쪽으로 변화했다고 합니다.

요즘은 인터넷을 통해 해외에서도 간단히 차를 주문받을 수 있게 되었습니다. 다른 나라의 분이 교쿠로의 맛에 감동을 받아 그 자리에서 바로 메일로 감사를 전해오는 것도, 지금 이 시대이기에 가능한 것이지요.

섣달그믐날

제가 고등학생이었을 때, 섣달그믐날 밤이 깊어지면 친한 친구와 통화를 하며 그 시간을 함께 넘기곤 했습니다. 두근두근한 마음으로 시계를 확인하면서 해가 바뀌는 순간을 기다렸다가 "새해 복 많이 받아." 하고 서로 이야기하고, 그저 그것만으로 감격했습니다. 그때는 메일은커녕 휴대전화도 없었고, 집 전화기는 심지어 현관 앞에 놓여 있어서 추위에 떨었던 기억이 아직도 납니다.

교토에서 나고 자란 시어머니는 섣달그믐날 가게의 풍경을 그리워하시면서, 그때는 지금처럼 거리 전체가 조용하지 않았다고 자주 말씀하셨어요. 관공서 업무 종료 시간이 지나면

서로 짜기라도 한 것처럼 각 가게 앞에 '하정(賀正)'이라 쓰인 종이가 붙고, 새해가 밝을 때까지 휴무에 들어가는 가게가 많아졌습니다. 요즘에는 12월 30일만 되어도 거리가 조용합니다.

그 덕에 정월 선물용 맛차나, 새해를 축하하며 받은 선물에 대한 작은 답례품 또는 새해를 맞아 절에 방문할 때 가지고 갈 만한 것으로 우리 가게의 차를 선택해주시는 분들이 많습니다. 자전거나 차를 타고 휙 왔다가 가시는 분들도 많지만, 연말부터 연초에 걸쳐 교토에 머무는 관광객 분들이 산책을 겸하여 둘러보고 가시는 경우도 있습니다.

명절 준비를 간단히 해놓거나 오조니(일본식 떡국)에 들어갈 육수를 내놓는 등 제가 해야 할 주방 일들도 있지만, 틈틈이 설날 가게나 작업장 문에 걸어둘 짚 장식(와가자리)을 만듭니다. 선물을 받았을 때 포장으로 묶여 있던 빨강과 흰색의 포장 끈을 잘 놓아두었다가, 이것으로 풀고사리와 굴거리나무를 짚 장식에 동여매어 매우 간소하게 만든답니다. 집 안에 있는 감실과 불단도 조금 일찍 청소해놓습니다. 전 해에 여기저기 신사에서 받아와 공양한 부적들은 매년 입춘 전날쯤 정리하므로, 막 해가 바뀔 무렵의 우리 집 감실은 공양한 부적들도 가득 차 있습니다. 공물로 바칠 비쭈기나무도 정월에 어울리도록 한가운데에 소나무와 매화나무 가지, 조릿대 잎을 장식한 것을 마련해 두었습니다. 갓 만든 떡 중 모양이 예쁜 것을 골라 등자나무를 곁들인 장식 떡도 공양합니다. 도소주가 든 작은 자루를 청주에 담가두는 것은 잊어버리기 쉬운 일입니다.

　새해 첫 날 가게를 열었을 때 곤란을 겪지 않도록, 날씨와 철에 맞춰 장식을 바꿔두는 것도 그 해의 가장 마지막으로 제가 하는 일입니다. 새해에 어울리는 족자를 걸기도 하고, 축하하는 의미를 담은 꽃병을 준비합니다. 젓가락에 씌우는 종이봉투에 가족들의 이름을 적는 것 등 꼭 해야 하는 일들을 조목조목 휘갈겨 메모해둔 다음 처리한 것들을 하나씩 지워가요. 시어머니가 하셨던 것처럼 이것저것 기억을 되짚어가면서 준비를 합니다. 어깨너머로 배운 대로 이어서 계속하고 있는 것인데, 나중에 며느리도 이렇게 해주겠지요.

　섣달그믐날 밤이 깊어가면 옛날에는 하츠모데(새해 첫 참배)를 나서는 사람들의 나막신 소리가 거리에 울려 퍼졌다는데, 요즘에는 이 추위에 나막신을 신은 사람을 보기도 쉽지 않지요. 더구나 고등학생 때처럼 두근두근하는 심정으로 새해를 기다리던 것 같은 특별한 느낌도 희박해졌습니다. 그렇긴 하지만 교토 시내에 살고 있다 보니 제야의 종소리만은 변함없이 이곳 저곳에서 바람을 타고 크게 또 작게 들려옵니다. 이 얼마나 축복인지요.

　이러한 교토의 동네에 변함없이 태양이 떠오르면, 산뜻한 새해가 시작됩니다.

차의 맛。

1판 1쇄 인쇄 2019년 6월 18일
1판 1쇄 발행 2019년 6월 25일

지은이 와타나베 미야코
옮긴이 송혜진
펴낸이 김기옥

실용본부장 박재성
편집 실용2팀 이나리, 손혜인
영업 김선주
커뮤니케이션 플래너 서지운
지원 고광현, 김형식, 임민진

디자인 형태와내용사이
인쇄 · 제본 민언프린텍

펴낸곳 컴인
주소 121-839 서울시 마포구 서교동 양화로 11길 13(서교동, 강원빌딩 5층)
전화 02-707-0337 팩스 02-707-0198 홈페이지 www.hansmedia.com

컴인은 한스미디어의 라이프스타일 브랜드입니다.
출판신고번호 제2017-000003호 신고일자 2017년 1월 2일

ISBN 979-11-89510-07-7 03590